Herzlich willkommen!

Ute Rott

Herzlich willkommen!

Ein Hund kommt ins Haus

PhiloCanis Verlag

Bibliografische Information der Deutschen Nationalbibliothek:
Die Deutsche Nationalbibliothek verzeichnet diese Publikation in der Deutschen Nationalbibliografie; detaillierte bibliografische Daten sind im Internet über http://dnb.dnb.de abrufbar.

PhiloCanis Verlag
Metzelthin 22
17268 Templin
mail: ute.rott@yahoo.com
www.forsthaus-metzelthin.de

Satz & Layout: Franz Sonnenstatter, Hausham

Herstellung:
BoD – Books on Demand, Norderstedt

ISBN: 978-3-9818307-1-2

Inhalt

Herzlich willkommen!

Wie lange haben Sie schon davon geträumt? Und jetzt ist Ihr Traum wahr geworden: Sie haben einen Hund adoptiert. Oder Ihr alter Hund musste leider über die Regenbogenbrücke gehen und Sie halten es ohne Hund einfach nicht aus. Egal. Es spielt keine Rolle, warum Sie sich für einen Hund entschieden haben, Tatsache ist, dass sich viel in Ihrem Leben ändert durch die kleine Pelznase. Zieht ein Welpe bei Ihnen ein, ein Junghund, ein Erwachsener oder vielleicht sogar ein Senior? Haben Sie ihn vom Züchter geholt, aus dem Tierschutz oder von Bekannten übernommen? Auch das ist nur insofern wichtig, dass man mit einem jungen Hund anders lebt als mit einem erwachsenen, dass ein Hund aus dem Tierschutz oder ein Senior andere Ansprüche hat als ein munterer Jungspund. Letztendlich kommt es immer auf das Gleiche heraus: Ihr Leben wird bunter und abwechslungsreicher durch den Vierbeiner, der jetzt Ihr Leben bereichert.

Mit diesem Buch möchte ich Sie vor allem in den ersten Wochen und Monaten unterstützen. Jeder Hund stellt neue Anforderungen an Sie und es spielt keine Rolle, ob Sie vorher schon Hunde hatten oder nicht. Auch wenn Sie sich optimal informiert haben, wie man einen Hund aus dem Tierschutz, eine Hundeoma oder einen Welpen am besten bei sich integriert, werden Sie jede Menge Überraschungen erleben. Und das ist auch gut so. Hunde bringen den geregelten Alltag erst mal durcheinander, sie fordern uns und bringen Leben in die Bude. Das macht Spaß, denn es ist eine schöne und erfüllende Aufgabe, eine Pelznase in unserem Leben aufzunehmen und den gemeinsamen Lebensweg zu gestalten. Dabei läuft nicht immer alles glatt, denn Hunde und Menschen haben nun mal nicht unbedingt identische Vorstellungen, wie ein gutes Leben abläuft.

Um das auf die Reihe zu bringen, möchte Ihnen dieses Buch helfen. Allerdings ist es immer ratsam, eine gute Hundeschule aufzusuchen, die gewaltfrei arbeitet. Ich empfehle Ihnen die Kolleginnen und Kollegen vom Gewaltfreien Hundetraining. Falls keiner in Ihrer Nähe ist, gibt Ihnen mein Buch viele Hinweise, wie Sie trotzdem eine gewaltfrei arbeitende Hundeschule finden können. Davon gibt es Gott sei Dank mittlerweile sehr viele.

Was erwartet Sie?
Im ersten Teil „Hunde einfach erziehen" können Sie über viele Begriffe wie Bindung, Ablenkung, Fremdelphasen, Ruhe- und Bewegungssignale und

vieles mehr nachlesen, was sie bedeuten, wie sie sich in der Praxis auswirken und zum Teil schon, wie man damit umgehen muss. Hier gehe ich auch genauer auf die Punkte „Alte Hunde“ und „Hunde aus zweiter Hand“ ein. Im zweiten Teil „Signalaufbau“ befassen wir uns mit dem, was Sie und Bello im Alltag brauchen: Leinenführigkeit, Heranrufen, Richtungswechsel, Beute abgeben, ein einfaches Alltagsbleib, Ausweichen ... Alles, was man außerdem noch machen kann wie „platz“, „bei Fuß“ oder ein aufwendigeres „bleib“ finden Sie zum Ende des zweiten Teils für Fortgeschrittene. Im letzten Teil „Was Sie sonst noch wissen sollten“ werden viele Themen behandelt, die nach meiner Erfahrung gerade für Ersthundebesitzer oder Hundehalter, die sich endlich ein bisschen gründlicher informieren möchten, interessant sind: Kastration, alleine bleiben, Abbruchsignale, Spielen ... alles rund um den Hund, was sich im Laufe der Zeit an Informationen im Hundetraineralltag angesammelt hat.

Und jetzt geht's los. Viel Spaß beim Lesen und viel Erfolg beim Umsetzen.

1. Hunde einfach erziehen

1.1. Grundlagen für Welpen und Junghunde – auch für Erwachsene wichtig

Seit einiger Zeit macht ein kleiner Wirbelwind Ihr Leben bunter. Sie haben einen neuen Hund und stellen fest, dass er sich so langsam vom lieben Neuankömmling zu einem kleinen Macho oder einer kleinen Zicke entwickelt. Vielleicht ist er auch nur sehr kreativ im Umgang mit der Welt und Sie wissen nicht so genau, wie Sie dem Herr werden können. Gerade Welpen und Junghunde entwickeln nach einer Eingewöhnungsphase lebhaftes Interesse an ihrer Umwelt und haben oft sehr gute Ideen, wie man den Alltag bunt und lustig gestalten kann. Ältere Hunde sind da etwas einfacher, aber sie bringen ihre Vergangenheit mit. Deshalb widme ich den älteren Hunden und Hunden aus dem Tierschutz ein eigenes Kapitel, in dem Sie mehr über die Besonderheiten dieser Hunde erfahren.

Leider gibt es immer noch den Aberglauben, dass man einen jungen Hund das erste halbe Jahr vollkommen mit Erziehung in Ruhe lassen soll. Vielleicht kommt diese Einstellung daher, weil früher die meisten Menschen Hunde mit sehr gewalttätigen Methoden erzogen haben und ihnen wenigstens das erste halbe Jahr ein wenig Spaß am Leben gönnen wollten. Und dann kommt – immer überraschend – der Tag, an dem man feststellt, dass eigentlich nichts so recht funktioniert. Zudem wird der muntere kleine Kerl immer aktiver und beweglicher. Irgendwie muss man dem doch Einhalt gebieten, oder?

Tatsache ist: Hunde müssen erzogen werden und zwar von Anfang an. Das wissen die Hunde instinktiv, denn auch ihre Mama hat ihnen Grundlagen beigebracht, die im Leben nützlich sind. Die Frage ist nur: was verstehen Menschen unter Erziehung? Sitz, Platz, Fuß oder doch etwas anderes? Welpen laufen ihrem Menschen auf Schritt und Tritt nach. Zum einen, damit sie beschützt und behütet werden, aber zum anderen, um möglichst viel von ihnen zu lernen: wie überquere ich eine Straße, was mache ich mit fremden Menschen und Hunden, wann gehts ins Bett, wann und wie wird gespielt ... einfach alles, was im Alltag erforderlich ist. Nach ein paar Monaten lässt das ganz allmählich nach, dann fängt der kleine Hund an, mit seinem erworbenen Wissen selbständig die Welt zu entdecken. Wenn Sie versäumt haben, vorher Grundlagen zu schaffen, auf denen Sie jetzt aufbauen können, dann wird die Erziehung zwar nicht unmöglich, aber sehr wohl etwas schwieriger. Denn in vielen Fällen müssen Sie jetzt verbieten oder verhindern, was vorher einfach so durchgegangen ist und damit automatisch erlaubt war.

Heute weiß man, dass Erziehung um so einfacher und gründlicher ist, je früher man mit einfachen Übungen wie Abrufen, ordentliches Gehen an der Leine, Beute abgeben, ein einfaches „warte“ oder ähnlichem anfängt. Auch Hundebegegnungen und Umgang mit Menschen sollte ein Hund schon in den ersten Monaten seines Lebens lernen. Ab ca. dem 6. oder 7. Lebensmonat kommen Hunde – wie Menschen – in die Pubertät und die Erziehung wird automatisch schwieriger. Bedeutet das, dass jetzt alles vorbei ist und Ihr Bello nichts mehr lernt? Nein, das bedeutet es nicht. Es heißt für Sie, dass Sie jetzt sehr viel konsequenter und geduldiger sein müssen. Denn die Zeit, in der Bello oder Susi einfach so an Ihren Haken hingen, ist eben vorbei.

Eigentlich ist es sehr leicht einen Hund zu erziehen, wenn man weiß wie. Wir müssen dabei ein paar Punkte beachten, in denen Hunde anders sind als Menschen.

Unterschied zwischen Mensch und Hund

Menschen gehen aufrecht und auch kleine erwachsene Menschen sind in der Regel größer als große Hunde. Menschen haben wie alle Primaten Arme und Hände, mit denen sie fuchteln und greifen können. Für uns ist das ganz normal, für Hunde nicht. Wenn wir einen Hund streicheln möchten, dann bücken wir uns über ihn. Das empfinden Hunde oft bedrohlich. Stellen Sie sich bitte mal vor einen hohen Baum. Wie würden Sie sich fühlen, wenn dieser Baum sich in der freundlichsten Absicht über Sie stülpt und Sie streicheln und umarmen möchte? Nicht so gut, oder? Und dann gar: der Baum hebt Sie hoch! Oh je! Was soll das jetzt werden? Wenn Sie Ihren jungen Freund streicheln oder ihn hochheben möchten, dann wollen Sie ihm doch etwas Gutes tun. Nur versteht er das leider nicht so wie Sie. Ihm ist vielleicht unbehaglich zumute. Viele Welpen und Kleinhunde würden sich auch gerne dagegen verwahren, aber Menschen übersehen das leicht oder denken: der gewöhnt sich schon noch dran. Es ist aber einfach übergriffig. Wenn Ihr Kleiner das Hochnehmen als Freundlichkeit begreifen soll, dann muss man ihm das ganz liebevoll und vorsichtig beibringen, damit er versteht: mein Mensch tut mir jetzt was gutes und für mich ist das angenehm.

Menschen gehen aufrecht – Hunde auf vier Füßen

Auch unser aufrechter Gang ist für Hunde nicht ganz einfach. Denn ein entspannter Hund hat Kopf und Rücken in einer Linie. Kopf hoch und Brust raus, unsere ganz natürliche Stellung, zählt bei Hunden zum Imponiergehabe. Sie lernen zwar, dass wir nicht in Dauerimponierstellung durch das Leben laufen, aber zunächst mal muss jeder Hund bei jeder ersten Begegnung rausfinden, wie Sie und ich das so halten. Hunde sind Weltmeister im Erkennen unserer Absichten und Gefühle. Deshalb bekommen die meisten von uns das lebenslang gar nicht mit. Man muss da kein Drama draus machen. Wir sollten nur daran denken. Wenn wir merken, dass ein Hund in unserer Gegenwart unsicher und ängstlich ist, könnte es auch daran liegen, dass er durch unsere Körpersprache verunsichert ist. Was an meiner Haltung oder Ausstrahlung kann ich ändern, um ihn von meinen freundlichen Absichten zu überzeugen? Wer sich entsprechend verhält, wird sehen, wie einfach die Kommunikation mit Hunden eigentlich sein kann.

Gewaltfreies Hundetraining

Viele Hundeschulen behaupten von sich, dass sie gewaltfrei arbeiten. Bei vielen ist das sicher zumindest in weiten Bereichen richtig, aber für viele ist es nur eine Möglichkeit, mit einem anerkannten Slogan zu werben. Wenn Sie jetzt eine Hundeschule in Ihrer Nähe suchen, weil Sie das Pech haben, nicht bei mir anfangen zu können, ☺ dann sollten Sie folgende Kriterien anwenden:

- Bevor irgend ein Training beginnen kann, muss ein ausführliches Erstgespräch erfolgen, bei dem die Trainerin und Sie sich darüber austauschen, was Sie wollen, wie die Trainerin das sieht und einschätzt. Erst wenn Sie sich beide einig sind, sollten Sie sich für das Training entscheiden. In diesem Erstgespräch werden mit dem Hund keine Übungen gemacht, da er sich erst an die neue Umgebung und den neuen Menschen gewöhnen muss.
- Der Hund muss frei und unbeeinflusst das Gelände erkunden können.
- Die Trainerin hat eine qualifizierte Ausbildung bei einer Ausbildungsstätte, die für gewaltfreies Arbeiten bekannt ist.
- Die Hundeschule arbeitet ausschließlich mit Brustgeschirr und langer Leine und kann auch begründen, warum das sinnvoll und notwendig ist.
- Die Hundeschule arbeitet mit positiver Motivation, d.h. die Hunde werden für gut ausgeführte Übungen belohnt und die Aufgaben werden so gestellt, dass sie leicht lösbar sind.
- Die Trainerin sollte Ihre Fragen fachlich korrekt beantworten können, bzw. falls sie einmal etwas nicht weiß, beim nächsten Mal die Antwort parat haben. Ein breit gefächertes Wissen über Hunde sollte auf alle Fälle vorhanden sein.
- Alle Methoden, die den Hund ängstigen, unter Druck setzen, verunsichern oder mit körperlicher oder psychischer Gewalt einhergehen, müssen rigoros verboten sein.

Kommunikation

Menschen kommunizieren vor allem über die gesprochene Sprache, Hunde über Körpersprache. Zwar spielt auch bei uns die Körpersprache eine sehr wichtige Rolle, aber wir können Missverständnisse immer noch verbal ausräumen. Hunde verfügen ebenfalls über viele Laute, die sie zur Kommunikation einsetzen. Sie bellen, winseln, knurren, fiepen... und meistens können wir diese Laute richtig interpretieren. Tatsache ist aber, dass Hunde von unserer gesprochenen Sprache in erster Linie nicht die Worte interpretieren, also nicht **was** wir sagen, sondern **wie** wir es sagen. Hohe und leise Töne, signalisieren Ihrem Bello, dass die Luft rein und er willkommen ist. Tiefe, laute Töne wird er dagegen so verstehen, dass er wegbleiben soll.

Wenn Sie sich ansehen, wie Hunde sich unterhalten, verstehen Sie sofort was gemeint ist: eine freundliche Hundebegegnung wird mit einem hohen, netten Fiepen eingeleitet, wenn sich dagegen Hunde begegnen, die sich nicht riechen können, ertönt ein eher lautes und unfreundliches Knurren. Das bedeutet, dass Sie Ihren Bello immer mit freundlicher Stimme ansprechen, wenn Sie ihm eine Anweisung geben oder ihn zu etwas ermuntern möchten. Dazu müssen Sie nicht künstlich hoch rumfiepen, es reicht ein freundlicher Ton, der am leichtesten zu finden ist, wenn man lächelt. Ihre Stimme wird automatisch höher und freundlicher, wenn Sie gut aufgelegt und entspannt sind.

Ansagen können, der Situation angemessen, durchaus schärfer und lauter sein, allerdings sollten Sie nicht inflationär damit umgehen. Wenn Sie feststellen, dass Sie bei so gut wie jedem Kommando unfreundlich „nachbessern" müssen, dann müssen Sie dringend überlegen, was Sie anders machen können. Kein Hund folgt freudig oder ist gern mit jemanden zusammen, wenn er ständig mit Ansagen überhäuft wird. Stellen Sie sich einfach vor, Ihr Bello wäre taub. Da können Sie brüllen, so viel Sie wollen, er hört es einfach nicht. Also gehen Sie sparsam mit Ansagen um. Meistens sind sie überflüssig.

Im Laufe der Zeit, wenn Sie konsequent für das gleiche Signal die gleiche Worte verwenden, versteht Ihr Hund immer mehr Wörter. Er kann auch lernen, wer wie heißt, und viele Hunde lernen die Bezeichnungen ihrer Spielsachen. Aber am wichtigsten ist für ihn immer Ihre Körpersprache. Nehmen wir an, Sie sind dunkel gekleidet sind und stehen ziemlich steif und gerade gegen die Sonne, wenn Sie ihn rufen. Auch bei lieblichstem Gesäusel wird Bello nicht wirklich freudig herankommen, vielleicht kommt er sogar gar nicht, weil Sie bedrohlich auf ihn wirken. Achten Sie also darauf, was der Grund sein könnte, warum er nicht kommen will: in den allermeisten Fällen klappt es sofort viel besser, wenn man locker ein paar Schritte rückwärts geht und eine auffordernde Handbewegung macht.

Wir üben unsere Signale immer mit einer Kombination von Hör- und Sichtzeichen ein, da die Sichtzeichen, bzw. die Körpersprache für Ihren Hund wesentlich wichtiger als das gesprochene Wort sind. Ein Sichtzeichen sieht er auch auf weitere Entfernung. Zu verstehen ob und was Sie rufen, das kann auf große Entfernungen und bei hohem Geräuschpegel schon schwierig werden. Durch diese Kombination lernt er, welche Worte zu dieser Handlung gehören. Und bei richtigem Training klappt es dann oft auch nur mit Hörzeichen.

Laut und leise

In welcher Lautstärke Sie mit Ihrem Bello reden, ist von vielen Faktoren abhängig: wie weit ist er von Ihnen weg, wie laut ist die Umgebung, wie gut hört er. Gesunde Hunde hören außerordentlich gut: bis zu 22mal besser als wir. Es ist also nicht sinnvoll, einen Hund anzuschreien, wenn er in Ihrer Nähe steht. Ganz im Gegenteil. Ihr Hund ist wesentlich aufmerksamer, wenn Sie leise mit ihm reden. Überlegen Sie mal: Wann ist ein Hund besonders leise und aufmerksam. Wenn Feinde in der Nähe sind, dann möchte er nämlich nicht bemerkt werden. Oder wenn Beute in der Nähe ist. Dann muss er sich auch still verhalten, sonst ist der Hase weg.

Eine leise Stimme wird automatisch immer mit weniger Druck und Spannung erzeugt. Wenn Sie laut rufen und schreien, legen Sie ebenso automatisch viel Druck in Ihre Stimme und erzeugen dadurch bei Ihrem Bello unter Umständen eine ganz unerwünschte Spannung. Zudem gewöhnt er sich daran, dass Sie immer herumbrüllen und wird auf Zimmerlautstärke nicht mehr reagieren. Hunde, die schlecht hören, weil sie eine Erkrankung hatten oder einfach alterstaub werden, müssen natürlich lauter angesprochen werden. Bevor Sie aber pausenlos durch die Gegend trompeten und damit Ihrer Umwelt auf die Nerven gehen, weil ihr Senior nichts mehr hört, sollten Sie ihn lieber dauerhaft an eine lange Leine nehmen. Das sichert ihn ab. Dazu lesen Sie aber im Kapitel „Alte Hunde" mehr.

Machen Sie – bitte in Bellos Abwesenheit – folgenden Test: Sie stellen sich vor einen großen Spiegel und sagen das gleiche Hörzeichen, z.B. „Bello, schau mal her" in ruhigem, freundlichem Ton, anschließend laut und etwas schärfer. Sie müssen dabei nicht brüllen. Beobachten Sie nur, wie sich Ihr Gesichtsausdruck und Ihre Körperhaltung verändern. Wenn Sie Ihr Hund wären, wie hätten Sie denn gerne, dass man Sie ruft? Lieber ruhig und freundlich? Na, also. Ihr Hund sieht das sicher genau so. Passen Sie also die Lautstärke der Umgebung und der Situation an. Ein differenzierter Umgang mit der Stimme ist immer angesagt und sinnvoll.

Die Fremdelphasen

Hunde haben Fremdelphasen. Wenn Sie Kinder haben, wissen Sie was das ist. Es gibt im Leben jedes Welpen und Junghundes Zeiten, in denen er sehr forsch alles Neue erkundet. Diesen Zeiten folgen 1-3 Wochen, in denen er zurückhaltend und auch manchmal etwas scheu und schreckhaft ist. Da kann es schon mal sein, dass der ganz normale Holzstoß, an dem wir jeden Tag entlanggehen, in seinen Augen zum Zombie mutiert. Bleiben Sie ganz ruhig und zeigen Sie ihm, dass Sie kein Problem damit haben. Er wird Sie genau beobachten und Sie als sein Vorbild nehmen. Biologisch haben diese Fremdelphasen durchaus einen Sinn: es ist besser eine Mahlzeit zu versäumen, als selber eine zu werden. Denn wenn der Welpe immer nur neugierig und mutig durch die Welt läuft, wird es irgendwann gefährlich. Er sollte also lernen, mit potentiellen Gefahren zurückhaltend umzugehen. Außerdem muss er auch irgendwann seine neuen Erfahrungen verarbeiten. Und da hat die Natur einen Riegel in Form der Fremdelphasen vorgeschoben. Jetzt werden die Hunde etwas vorsichtiger, um danach mit den gut verarbeiteten Erfahrungen wieder auf Erkundung auszugehen. In dieser Zeit sollte der Hund nach Möglichkeit keinen neuen und unbekannten Situationen ausgesetzt werden, da er schlecht in der Lage ist, sie unbefangen aufzunehmen und richtig zu verarbeiten. Das ist auch der Grund, warum Welpen nie vor der 10. Woche, besser ab der 11. Woche abgegeben werden sollten.

Es gibt fünf dieser Phasen. Die erste erlebt er mit ca. 8-9 Wochen. Sie dauert ca. eine Woche. Wenn der Welpe in dieser Zeit noch bei seiner Familie, sprich bei seiner Mutter ist, merken die Menschen in der Regel nicht viel davon. Die Mutter weiß am besten, was sie tun muss, um ihren Kindern Sicherheit und Vertrauen zu geben. Die zweite kommt mit ca. 4,5 Monaten. Hunde, die wegen ihrer Rassezugehörigkeit langsamer reifen, z.B. Herdenschutzhunde, können etwas später in die 2. Phase kommen. Das gleiche gilt für Hunde, die hinter der normalen Entwicklung zurück sind. Die zweite Fremdelphase kann bis zu drei Wochen dauern.

Die dritte kommt mit ca. 9 Monaten. Hier gilt das gleiche, wie bei der 2. Fremdelphase. In diese Zeit fällt auch die Geschlechtsreife, d.h. eine Hündin kann läufig werden und die Rüden interessieren sich für die Mädels deutlich mehr als vorher. Ebenso wie bei pubertierenden Jugendlichen spielen jetzt die Hormone verrückt. Gleichzeitig erwacht bei vielen Hunden der Jagdinstinkt. Das hat aber nichts mit den Fremdelphasen zu tun. Leider wird das oft verwechselt und gleichgesetzt.

Die vierte erfolgt mit 12-18 Monaten und die wahrscheinlich letzte ca. mit 2-2,5 Jahren. Auch diese beiden Phasen dauern ca. 3 Wochen und sind rasse- und entwicklungsbedingt unter Umständen später. Das Thema

„Pubertät und Geschlechtsreife" behandeln wir in einem späteren Kapitel genauer.

Rituale

Bello ist wie Sie ein Gewohnheitstier. Überlegen Sie mal, wieviele Rituale Sie tagsüber ausführen, die Ihren Tag ordnen und Ihnen Klarheit und Orientierung geben. Ihrem Hund geht es ebenso. Achten Sie gerade am Anfang gut darauf, dass er weiß, was Sie von ihm wollen und wie Sie ihm das möglichst immer gleich verdeutlichen. Wenn er mal auf die Couch darf und mal nicht, wird er das nicht verstehen. Aber er kann lernen, dass die Couch erlaubt ist, wenn eine bestimmte Decke drauf liegt und Sie ihn einladen.

Beim Signalaufbau machen wir uns das ebenfalls zunutze: wir geben ein Signal immer mit dem gleichen Hör- und dem gleichen Sichtzeichen. Wenn wir ihn zu uns heranrufen wollen, nehmen wir nur ein Signal und das dazugehörige Sichtzeichen und probieren nicht die Skala rauf und runter, was jetzt gerade wohl am besten funktioniert. Das wird Bello mit Sicherheit nur verwirren und seinen Gehorsam unzuverlässig machen. Wenn Sie Ihre Signale und Ihre täglich wiederkehrenden Handlungen als nette und angenehme Rituale aufbauen, werden Sie für Ihren Hund zuverlässig und verständlich. Er wird dann auch in schwierigen Situationen leichter folgen.

Wer eine Übung beginnt, führt sie durch und belohnt auch

Stellen Sie sich vor, zwei Vorgesetzte kommen zu Ihnen und übertragen Ihnen eine Aufgabe, und zwar gleichzeitig. Vielleicht stellen beide die gleiche Aufgabe, aber Sie wissen jetzt nicht, wem Sie die fertige Arbeit präsentieren sollen. Einer ist dann immer der „Vernachlässigte", Probleme für Sie sind also vorprogrammiert.

Auch wenn's schwerfällt: wenn Ihr Partner oder Ihr Kind Ihrem Hund ein Signal gibt, z.B. „schau mal her", dann lassen Sie diesen Menschen bitte die Übung zu Ende führen und dieser Mensch belohnt dann auch. Denn sonst passiert vielleicht folgendes: immer wenn Herrchen und Frauchen mit dem Hund eine Übung machen, leitet Frauchen die ein und Herrchen belohnt. Wenn dann Herrchen mal nicht dabei ist, könnte Bello durchaus sagen: heute muss ich nicht wirklich, weil vermutlich werde ich ja nicht belohnt. Und Frauchen ist dann die gelackmeierte. Allerdings sollten Sie verhindern, dass jeder Möchtegern-Hundeflüsterer sich an Ihrem Hund ausprobiert.

Die Ersatzdiskussion

Oft geben wir unserem Hund eine Anweisung, z.B. „sitz", möchten aber etwas von ihm, wo er eigentlich nicht sitzen muss. Er soll am Straßenrand ruhig warten, während die Ampel auf rot steht. Erst wenn wir ihm sagen, dass wir jetzt weitergehen, soll er mitkommen. Auch wenn er sich jetzt nicht hinsetzen möchte, weil der Boden zu kalt oder zu heiß ist, kann er trotzdem lernen, am Straßenrand ruhig neben Ihnen stehen zubleiben. Oder Sie warten irgendwo einen Moment, geben Bello ebenfalls das Signal „sitz" und Bello merkt, es dauert etwas länger. Also legt er sich hin. Und was machen manche Menschen? Sie ziehen Ihren Hund wieder hoch und schimpfen mit ihm: „Sitz! hab ich gesagt!" Was soll Bello jetzt verstehen? Dass es keine andere Möglichkeit zu warten gibt, außer man hat den Popo am Boden? Ist das so?

Damit Sie nicht glauben, dass das nur mit „sitz" geht, folgendes Beispiel: Ein Mensch geht mit seinem Hund spazieren und der Hund geht in die Richtung, die er gut findet. Der Mensch geht an der straffen Leine hinterher und sagt: „Nein, hier gehen wir nicht lang!" Dabei rennt er immer hinter seinem Hund her, schimpft auf den Hund, weil der so schrecklich zieht und nicht macht, was sein Mensch will. Aber welche Anweisung hat der Hund bekommen? Wenn Sie ehrlich sind, keine oder doch eine sehr missverständliche.

Im ersten Fall mit „sitz" wäre es weit besser, wenn der Hund an der Ampel das Signal „warte" bekommt. Wenn man mal einen Moment stehenbleibt, muss man dem Hund das nicht „kommandieren", das merkt er auch so. Wenn er sich dann selbständig hinsetzt oder -legt, ist das doch seine Sache und wenn er neben Ihnen stehen bleibt auch. Im Fall mit dem ziehenden Hund sollte man nicht einfach hinter seinem Hund her rennen, sondern die Richtung vorgeben und klar sagen, was man möchte und wo man hingehen will.

Ihr Hund lernt also im schlimmsten Fall, dass Sie immer sauer werden, wenn Sie mit ihm sprechen, nie klare Anweisungen geben und anscheinend auch nie zufrieden sind mit dem, was er macht. Gewöhnen Sie sich an, klar und eindeutig mit ihm zu sprechen. Texten Sie ihn nicht zu, geben Sie keine Anweisungen, die Sie so nicht meinen, dann wird er schon verstehen, was Sie wollen und Sie müssen keine sinnlosen Ersatzdiskussionen führen. Im Zweifelsfall vergeuden Sie viel zu viel Zeit, bis Sie endlich zu der Ansage kommen, um die es eigentlich geht. Vielleicht hört er Ihnen dann gar nicht mehr zu?

Gerade Junghunde hinterfragen häufig, ob eine Anweisung „vernünftig" ist oder nicht. Das ist auch gut so, denn jeder Hund sollte sich darauf verlassen können, dass Anweisungen nicht um ihrer selbst willen gegeben werden. Es kann durchaus vorkommen, dass er etwas nicht tun möchte, obwohl es in seinem Sinn ist. Aber wenn er grundsätzlich von Ihnen nur Dinge zu hören bekommt, die eigentlich unvernünftig sind, dann wird er sich auch in wirklich wichtigen Situationen nicht davon überzeugen lassen. Verzichten Sie also auf verbale Umwege, sagen Sie ihm freundlich und direkt, was Sie von ihm möchten, denn dann werden Sie zuverlässig und klar und damit verständlich.

Motivation

Haben Sie schon mal darüber nachgedacht, dass Hunde „einfach so" mit uns zusammenarbeiten, weil sie das gerne tun? Freilebende Hunde und ihre wilden Verwandten leben in vergleichbaren familiären Strukturen wie Menschen. Sie sind sozial ebenso organisiert wie wir. Das bedeutet aber, dass ihnen bestimmte Zusammenhänge klar sind, denn wer in einer Gemeinschaft lebt, muss daran interessiert sein, dass diese funktioniert. Das allein ist schon Motivation genug für einen Hund, an Ihren Aktivitäten teilzunehmen.

Natürlich macht Ihr Hund am liebsten das, was sich für ihn lohnt und was ihm Spaß macht. Viele Menschen meinen, ihre Anforderungen an die Hunde müssten doch einfach so klappen, weil sie ihren Hund lieben und weil er aus Liebe zu ihnen alles tun soll. Wenn Sie so denken, dann überlegen Sie bitte einmal, was Sie alles umsonst tun. Wirklich umsonst, für gar nichts. Und Sie werden feststellen, sehr viel ist das nicht. Viele Dinge tun Sie z.B. gegen ganz reale Bezahlung, oder weil Ihr Partner besonders nett zu Ihnen ist, oder weil Sie in einer Gemeinschaft anerkannt werden, oder, oder oder ...

Und Ihrem Hund gönnen Sie nicht ein kleines Stückchen Wurst?

Also belohnen Sie Ihren Hund zu Anfang immer, immer, immer, um ihm zu zeigen, dass Sie seinen Gehorsam und seine Aufmerksamkeit zu schätzen wissen. Wir motivieren unseren Hund immer positiv, d.h. wir stellen die Aufgabe so, dass er sie leicht und sicher lösen kann, das macht Spaß und obendrein gibt es eine Belohnung.

Eine Belohnung kann sein:
- Loben: und zwar immer, denn die Stimme habe ich immer dabei, es kostet weder Mühe noch Anstrengung und bringt Freude in den Alltag
- Leckerchen: viele Hunde fressen gerne, also ist es eine sehr einfache Art, Ihrem Hund zu sagen: das hast du jetzt gut gemacht. Außerdem ist es eine ruhige Art von Belohnung, die Ihnen bei richtiger Anwendung viel über den Gemütszustand des Hundes sagen kann.
- Spielen: das ist eine gute Idee, wenn Sie eine Pause nach einer anstrengenden Übung machen, bei der er sich stark konzentrieren musste. Sie können dann mit Ihrem Hund ein kleines Rennspiel zur Auflockerung veranstalten oder er darf Leckerchen oder sein Spielzeug suchen. Allerdings müssen Sie das gut dosieren, da Sie ihn nicht aufputschen sollen, sondern belohnen. Deshalb wird Spielen nur sehr selten als Belohnung eingesetzt.
- Streicheln: das ist die schwierigste Art einen Hund zu belohnen, weil Hunde das nicht immer so gerne mögen, wie wir Menschen annehmen. Das heißt nicht, dass Sie Ihren Hund nicht mehr streicheln sollen, sondern Sie sollen darauf achten, wann er es wirklich möchte. Er wird es nicht als Belohnung verstehen, wenn er gerade voller Bewegungsfreude ist oder wenn Sie sich über ihn drüberstülpen. Nur wenn er es regelrecht einfordert, sich an Sie schmiegt, Sie anlacht und direkt zum Streicheln auffordert, dann kommt Körperkontakt auch als Belohnung an.

Die beste Motivation für Ihren Hund ist, wenn er etwas tun darf oder etwas bekommt, was er jetzt im Moment wirklich am liebsten tun oder haben möchte, z.B. mit einem Freund spielen oder einen Würstchenbaum absuchen oder mit Frauchen knuddeln ...

Ruhe- und Bewegungssignale

Es gibt zwei Arten von Signalen: Ruhesignale, die etwas länger dauern, bei denen er in einer bestimmten Position verharren muss und die aufgelöst werden müssen, und Bewegungssignale, die in dem Moment erledigt sind, wenn Ihr Hund sie ausführt. Ein typisches Ruhesignal ist „bleib". Sie müssen Ihrem Hund sagen, wie lange er dort bleiben muss, sonst steht er irgendwann auf und geht weg. Wenn Sie ihm aber ein Bewegungssignal wie: „wir gehen hier lang" geben, weil Sie an einer Kreuzung angekommen sind und die Richtung wechseln, dann wird er nicht ungebremst bis Moskau laufen, sondern einfach mit Ihnen mitkommen.

Die richtige Unterscheidung zwischen Ruhe- und Bewegungssignal ist enorm wichtig. Stellen Sie sich vor, Sie bringen Ihrem Bello bei, auf ein bestimmtes Hör- und Sichtzeichen einen Moment zu warten, weil Sie oft mit ihm im Auto unterwegs sind. An Rastplätzen müssen Sie sicherstellen, dass er nicht raushopst, wenn die Klappe aufgeht, denn das kann ziemlich unerfreulich enden. Also muss er zuverlässig warten, wenn Sie diese Anweisung gegeben haben, bis Sie die Leine fixiert und festgestellt haben, dass er jetzt ungefährdet aussteigen kann. Verwenden Sie das Signal nicht inflationär, sonst wird er auch dann nicht mehr drauf hören, wenn es dringend erforderlich ist, z.B. am Autobahnrastplatz.

Das Auflösungssignal, bei animal-learn-Trainern „schau und weiter", ist dazu unabkömmlich. Wir behandeln es beim Signalaufbau sehr ausführlich und es gehört mit zu den wichtigsten Signalen überhaupt. Nehmen Sie das bitte nicht auf die leichte Schulter. Es vereinfacht Ihr Leben und das Ihres Hundes enorm.

Einigkeit und Sinn von Signalen

Sie sollten in der Familie einig sein, was Sie Ihrem Hund wann wie sagen. Hunde folgen immer dem Familienmitglied am besten, das am klarsten und verständlichsten ist, also demjenigen, der die Signale immer gleich ausführt, richtig belohnt und Bello auch nicht überstrapaziert. Kein Hund möchte ununterbrochen folgen müssen, genauso wenig wie wir. Also geben Sie alle die gleichen Signale mit den gleichen Hör- und Sichtzeichen, und auch nur in den richtigen Situationen. So muss ein Hund nicht unbedingt vorsitzen, wenn er herankommt. Stellen Sie sich vor, es hat 40°C im Schatten und Sie verlangen von Ihrem Rüden, er soll auf glühendem

Asphalt vorsitzen. Das wird er nicht witzig finden. Und es ist auch unnötig, wenn er gelernt hat, ruhig bei Ihnen stehen zu bleiben. Ebenso ist es nicht notwendig, dass er stundenlang „platz“ macht, wenn Sie mit ihm ins Restaurant gehen. Wenn er gerne sitzt oder steht und sich dabei ruhig verhält, dann ist das doch in Ordnung. Er wird sich schon hinlegen, wenn es ihm zu langweilig wird.

Und auf gar keinen Fall darf sich jeder, der sich gerade mal als Hundeflüsterer beweisen möchte, Ihren Hund rumkommandieren. Meine Hunde und die Hunde meiner Kunden lernen alle, dass gilt, was ihre Menschen (und ihre Trainerin natürlich ☺) sagen, was Fremde oder irgendwelche Bekanntschaften so von sich geben, gilt nur, wenn der Hund Lust dazu hat. Signale zum Grundgehorsam sind dazu da, den Alltag mit Ihrem Hund zu vereinfachen, nicht damit er für jeden den Kasperl macht.

Pausenloses Folgenmüssen macht keinen Spaß, Ihrem Hund jedenfalls nicht. Selbst wenn Ihr Nachbar es schick findet, seinen Hund wie einen aufgezogenen Roboter „bei Fuß“ gehen zu lassen, heißt das noch lange nicht, dass Bello das gefällt. Lassen Sie Ihren Hund auch mal Hund sein und beweisen Sie nicht pausenlos der ganzen Welt, was Sie für einen gut erzogenen Hund haben, dann wird er viel lieber folgen, wenn es darauf ankommt..

Ablenkung

Viele Menschen denken nach ein paar erfolgreichen Übungen auf dem Hundeplatz oder zu Hause auf dem Hof, Bello hat jetzt kapiert, was Sache ist. Dann ziehen sie los und verlangen perfekten Gehorsam irgendwo unterwegs, wo viele Hunde rumlaufen, Radfahrer herumschwirren und Jogger vorbei sausen.

Bello ist dann viel zu sehr abgelenkt und das einzige, was er lernt, ist leider: die Signale hört er, aber er befolgt sie nicht ,also werden sie bedeutungslos. Und allzu oft lernt er auch: wenn Herrchen oder Frauchen unterwegs Signale geben, dann ist der Spaß mit den Hundekumpels vorbei, oder Herrchen / Frauchen wird sauer, weil Bello nicht folgt ...

Denken Sie immer daran: auch Ablenkung muss geübt werden. Und zwar langsam immer nach dem Grundsatz: erst **Kindergarten**, dann **Grund-**

schule, dann **Gymnasium**, dann **Abitur**, dann **Hochschule**, dann **Diplom und Doktorarbeit**. Verlangen Sie von Ihrem Hund nicht mehr, als was Sie von sich verlangen. Wenn Sie mit steigender Ablenkung arbeiten, dann bauen Sie die nächste Stufe immer dann ein, wenn ein Signal zu ca. 80 % klappt.

Zeit

Denken Sie bitte daran, dass Ihr Hund beim Lernen Zeit braucht:

- um zu verstehen, was Sie wollen
- um es umzusetzen
- und um es in verschiedenen Situationen anzuwenden und zu üben.
- Rom wurde auch nicht an einem Tag erbaut und Ihr Hund braucht für das Erlernen neuer Sachen Zeit, und zwar soviel wie er braucht, nicht soviel wie Sie meinen.

Menschen sind oft sehr ungeduldig, weil wir immer glauben, alles muss schnell schnell gehen. Das ist für Hunde schlimmer als schlimm, denn Hunde können nicht verstehen, warum wir oft so hektisch und ungeduldig sind. Wenn Sie Ihren Bello aber bedrängen, wird er unsicher und weiß nicht, was Sie von ihm wollen. Lassen Sie sich deshalb Zeit für alles, was Sie mit ihm machen.

Weniger ist mehr – oder – Gut gemeint ist nicht gut gemacht.

Alle Signale, die Ihr Hund hier lernt, sind alltagstauglich. Die meisten können Sie sofort einsetzen, wie z.B. „schau mal her“, andere, wie „geh auf die Seite“ müssen geübt werden. Übertreiben Sie es aber bitte nicht. Jede Übungseinheit muss – **muss** – mit einem Erfolg enden. Hören Sie deshalb auf, wenn die Übung gut geklappt hat, auch wenn es die 1. Übung war und Sie eigentlich 5 Übungen geplant hatten. Sie müssen auch nicht alle Signale jeden Tag üben.

Idealerweise machen Sie sich einen Plan, wann Sie was üben und legen fest, wie oft und wie lange die Übungen jeweils dauern sollen. Bei einem Welpen ist es sinnvoll, maximal 2 Minuten zu üben und jede Übung höchstens 2-3 mal durchzuführen. Sonst wird es ihm schnell zuviel und er macht nicht mehr mit. Auch Signale, die richtig Spaß machen, sollten Sie sparsam einsetzen, damit sich seine Begeisterung nicht legt.

Je mehr Ihr Süßer kann, um so mehr wollen Sie auch mit ihm üben, aber umso mehr wird auch einfach im Alltag eingesetzt, es muss also gar nicht mehr in diesem Sinne „geübt" werden. Und wenn er in die Pubertät kommt, werden Sie feststellen, dass Sie wieder Grundlagen üben müssen, denn in dieser Zeit haben Sie das Gefühl, er kann gar nichts mehr. Nicht so schlimm, schrauben Sie Ihre Ansprüche zurück, das geht vorüber. Machen Sie wieder die Grundübungen und wappnen Sie sich mit Geduld.

Merken Sie sich einfach folgendes: Wenn Sie nach einer Übung denken: „Das war jetzt sooo toll, das machen wir gleich nochmal!" dann muss vor Ihrem geistigen Auge eine rote Ampel angehen. Denn jetzt kann es nur noch schlechter werden. Belohnen Sie Bello also fürstlich und hören Sie sofort auf. Ihr und sein gutes Gefühl bei dieser schönen Übung nehmen Sie dann mit zur nächsten Übungseinheit.

Das gute Vorbild

Erziehung findet den ganzen Tag statt, nicht nur in der Hundeschule oder zu Ihren Übungszeiten. Ihr kleiner Freund beobachtet Sie ganz genau, denn er geht davon aus, dass Sie ihm schon zeigen und sagen werden, wie er gut durchs Leben kommt. Wenn Sie einen freundlichen, geduldigen und höflichen Hund haben möchten, dann sollten auch Sie freundlich, höflich und geduldig sein. Wenn Sie nicht möchten, dass er Sie später mal an der Leine durch die Lande schleudert, dann dürfen Sie auch nicht an der Leine rupfen und zupfen.

Beweisen Sie ihm, dass Sie auch und vor allem dann für ihn da sind, wenn er Angst hat oder sich unsicher fühlt. Wer einen unsicheren, ängstlichen Junghund missachtet oder ihn gar auslacht, anstatt ihm Schutz und Sicherheit zu geben, der sollte sich nicht wundern, wenn der erwachsene Hund sich in schwierigen Situationen nicht wie erwünscht verhält. Ein gutes Vorbild sind Sie dann, wenn Sie sich gut in Ihren Hund einfühlen können, ihm ansehen, wann er Sie braucht, ihm in schwierigen Momenten zur Seite stehen und ihn freundlich und liebevoll durchs Leben führen. Kurz: seien Sie ihm ein gutes Vorbild in allen Lebenslagen und ganz besonders dann, wenn es schwierig wird.

Bindung

Ob Ihr Hund gehorsam ist oder nicht, hat rein gar nichts damit zu tun, welche Bindung er zu Ihnen hat. Denn auch **oder gerade** ein Hund, der mit viel Druck und Gewalt erzogen wird, wird Signale sehr prompt ausführen, weil er sich vor den Folgen von Ungehorsam fürchtet.

Ein vertrauensvoller Umgang bereichert die Beziehung zwischen Mensch und Hund

Eine gute Bindung hat viel mit Liebe, Anerkennung, Respekt und Vertrauen zu tun. Das bedeutet, Ihre Pelznase soll erkennen, wer im Leben wirklich gut für ihn sorgt. Sehen Sie sich einmal Hunde aus dem Tierschutz an. Wenn die einen guten Platz gefunden haben, müssen sich die Halter in der Regel keine Sorgen mehr machen, dass ihr Hund nicht auf sie achtet.

Bindung ist etwas wechselseitiges: eine gute Bindung bedeutet immer, dass beide, Mensch und Hund sich mögen, brauchen, respektieren und sich in schwierigen Lebenslagen beistehen. Sie hat nichts mit erzwungener Abhängigkeit zu tun. Hunde sind von Anfang an in allen Belangen von uns abhängig: Sie haben beschlossen einen Hund zu adoptieren, Sie haben ihn ausgewählt, Sie bestimmen, was es wann zu fressen gibt, wie der Tag abläuft, welche Sozialkontakte er hat, ob er sich paaren darf, ob er kastriert wird ... von der Wiege bis zur Bahre bestimmen wir alles, was unsere Hunde betrifft. Da ist es doch nur eine kleine Entschädigung für unseren Liebling, wenn wir liebevoll und achtsam mit ihm umgehen, seine Eigenheiten respektieren und ihm – und damit auch uns – ein schönes Zusammensein ermöglichen. Wenn wir das hinbekommen, dann wird er es uns mit viel Liebe und Anhänglichkeit belohnen – mit einer guten Bindung.

Konsequenz – Grenzen setzen

Immer wieder hört man, man müsse einem Hund Grenzen setzen und wenn er nicht auf mich höre, müsse er eben mit den Konsequenzen rechnen und leben. Wenn Ihnen jemand so etwas erzählt, dann sollten Sie ihn höflich abfertigen und sich die Zeit lieber für Ihren Hund aufsparen.

Unter dem Punkt „Bindung" habe ich schon darauf hingewiesen, dass wir das ganze Leben unserer Hunde bestimmen und regeln. Sie haben nicht sehr viel Möglichkeiten, das zu beeinflussen. Grenzen werden ihnen also jede Menge gesetzt – einfach so, weil Menschen das so festlegen. Das muss nicht immer zum Schaden der Hunde sein. Aber wir sollten uns nicht allzu sicher sein, dass die Hunde das alles befürworten würden, wenn sie die Wahl hätten.

Jetzt auch noch mit „Konsequenzen" zu drohen, wenn ein Hund meine Anweisungen nicht befolgt, ist mehr als übel. Natürlich müssen wir konsequent sein, das haben Sie bisher sehr genau rauslesen können. Denn wenn wir nicht konsequent sind – also konsequent freundlich und liebevoll, konsequent klar und verständlich, konsequent durchschaubar für unsere Pelznase, dann wird das Zusammenleben schwierig.

Und warum müssen Konsequenzen immer negativ sein? Wenn Bello beim Abrufen angerannt kommt wie eine Rakete, dann können Sie ihn doch konsequent belohnen und loben und er lernt, dass Ihre Konsequenz angenehme Folgen für ihn hat. Also wird er auch konsequent folgen – ganz ohne negativen Beigeschmack.

Impulskontrolle

Ist das nicht das gleiche wie Grenzen setzen? Nicht ganz. Es hat damit zu tun, aber es geht um mehr. Wie Sie schon gelesen haben, setzen wir Hunden automatisch bestimmte Grenzen, die sie nicht beeinflussen können. Welchen Hund Sie sich aussuchen, wann Sie ihn füttern oder wie oft und wo Sie mit ihm spazierengehen, hat mit Impulskontrolle nichts zu tun. Sie könnten anstelle Impulskontrolle auch Selbstdisziplin sagen, denn genau darum geht es. Viele Hundeschulen setzten Impulskontrolle ganz oben an und man kann bei verschiedenen Kollegen hören und lesen, dass sie zu den wichtigsten Dingen gehört, die ein Hund lernen muss. Wenn man es richtig macht, muss man sich darüber aber keine Gedanken machen. Warum?

Lupo wartet geduldig bis Indiana mit der Leckerchensuche fertig ist

Soziale Lebewesen wie Hunde wissen, dass man im Zusammenleben mit anderen nicht immer seinen Willen bekommt, Kompromisse machen und anderen auch mal den Vortritt lassen muss. Das lernen die Welpen schon bei der Mama. In einer Gemeinschaft zu leben, bedeutet schließlich auch, dass man Vorteile davon hat, wenn man vordergründige Nachteile in Kauf nimmt. Wer alleine lebt, kann sich immer selber aus dem Kühlschrank bedienen und muss keine Angst haben, dass ihm jemand etwas wegisst. Aber wenn er krank wird oder keine Zeit hat, wer kauft dann ein? Übertragen auf Hunde bedeutet das, dass man vielleicht nicht immer den besten Liegeplatz bekommt, dafür ist immer jemand da, mit dem man kuscheln oder spielen kann.

Unter Impulskontrolle versteht man in der Psychologie die bewusste und erwünschte Kontrolle der eigenen Gefühle und Affekte. (Quelle: http://

lexikon.stangl.eu/5535/impulskontrolle / © Online Lexikon für Psychologie und Pädagogik). Es ist ganz sicher ausgesprochen nützlich, wenn ein Hund darüber verfügt, so wie auch wir Menschen darüber verfügen sollten. Denn es kann für uns alle nur von Vorteil sein, wenn jedes Familienmitglied nicht seinen ersten Impulsen nachgibt, sondern sich beherrschen kann. Falls Sie jetzt denken, Sie müssten dazu aufwendige Trainings machen, kann ich Sie beruhigen. Wenn Sie ruhig und vernünftig mit Ihrem Hund umgehen, wenn Sie besonders Ruhekommandos unter steigender Ablenkung üben und wenn Sie zudem auf wilde Ballspiele verzichten, dann sollte das ausreichen. Was Ballspiele mit guter oder schlechter Impulskontrolle zu tun haben, erfahren Sie im letzten Teil, wenn es um das Jagdverhalten geht.

Dominanz

Nicht auszurotten ist die Ansicht, dass Dominanz eine Eigenschaft ist. Es ist längst erwiesen, dass dem nicht so ist. Ob Bello Schlappohren oder ein Ringelschwänzchen hat, das ist angeboren, aber Dominanz ist nichts, was sich vererbt oder irgendwie veranlagt ist. Dominanz ist ein situationsbedingtes Verhalten. Das bedeutet, dass sich der durchsetzt, dem etwas wichtig ist, während der oder die anderen das nicht so wichtig nehmen. Dominanz hat auch damit etwas zu tun, ob die Umgebung vertraut ist oder nicht. Wer zu Besuch ist, erkennt automatisch den Gastgeber als dominant an. Oder gehen Sie überall einfach so an den Kühlschrank und bedienen sich?

Vielfach wird schlicht Selbstbewusstsein und Selbstvertrauen mit Dominanz gleichgesetzt. Als wäre ein Hund, der sicher durch die Welt geht, eine Gefahr für die Menschheit. Tatsache ist, dass souveräne Hunde wesentlich stressrestistenter sind und deshalb mit Konflikten besser klar kommen, bzw. leichter defensive Lösungen suchen können. Mit Dominanz hat es nichts tun, wenn Ihre Pelznase eigene Lösungen findet und vorschlägt, schon eher damit, dass Sie ihn gut erzogen haben.

Allein die Tatsache, dass **Sie** Bello zu sich holen und **Ihre** Regeln von Anfang an gelten, während Sie die Regeln, die Ihre Pelznase hat, erst erkennen und – eventuell – nach und nach anerkennen, bedeutet, dass **Sie** grundsätzlich die Oberhand haben. Wem das wichtig ist und wer mit aller Macht verhindern möchte, dass ein Hund auch mal ein Recht einfordert, der sollte gut überlegen, ob er das für sich auch möchte. Falls er das mit „ja, das möchte ich" beantwortet, sollte Ihnen klar sein, dass so jemand nicht geeignet ist, einen Hund zu haben. Und wer Ihnen pausenlos erzählt, dass Sie gegen die Dominanz Ihres Hundes angehen müssen, von dem sollten Sie sich höflich aber prompt verabschieden. Er hat nicht viel Ahnung von Hunden. Warum sollten Sie dann Ihre Zeit mit ihm vergeuden?

Rudel – Familie – Gruppe

Wenn jemand von sich, seiner Familie und seinen Hunden behauptet, das wäre ein Rudel, dann ist das nett. Denn das bedeutet in der Regel, dass man die Hunde einbezieht. Aber wissenschaftlich korrekt ist es nicht. Ein Rudel entspricht dem, was wir als Familie kennen, also eine Gruppe von Hunden (Wölfen, Kojoten, Füchsen), die verwandt sind: Eltern, Großeltern, Kinder, Onkel und Tanten.

Alles andere sind Gruppen. Viele Menschen bezeichnen Hunde als ihre Familienmitglieder. Das ist vielleicht auch nicht wissenschaftlich korrekt, aber darauf kommt es nicht an. Es kommt darauf an – egal wie Sie sich und Ihre Hunde benennen – dass Ihr Hund ein vollwertiges Mitglied Ihrer Gemeinschaft ist.

Hierarchie

Leider können Sie nach wie vor hören und lesen – auch von renommierten Hundetrainern – dass es enorm wichtig ist, einem Hund den letzten Platz in der Hierarchie zuzuordnen. Das ist ähnlich sinnvoll und vergeudete Lebenszeit, wie die Auseinandersetzung mit der angeblichen Dominanz der Hunde. Hunde wollen überhaupt keine Herrschaft an sich reißen. Unsere Welt ist für sie sehr kompliziert und sie sind froh, wenn wir sie ungefährdet durchs Leben leiten. Es ist kein einziges Beispiel bekannt, indem nachgewiesen werden kann, dass irgend ein Tier egal welcher Art die Herrschaft über eine gemischte Gemeinschaft aus Menschen und Tieren erobern wollte. Aber es gibt zahllose Beispiele davon, wie Menschen z.B. Hunde unterjochen, missbrauchen und demütigen. Solche Aussagen sagen mehr über den, der sie macht und gar nichts über Hunde.

Kontrolle

Ebenso wird häufig behauptet, Hunde würden uns kontrollieren und das ist ganz schrecklich, weil ... Ja, was? Keine Ahnung. Ich lebe seit Jahrzehnten mit Hunden zusammen und ja, sie kontrollieren mich: ob ich ihr Fressen herrichte, ob ich Anstalten mache, mit ihnen spazieren zu gehen oder ob mein Mann mit ihnen geht oder – ganz toll – alle zusammen. Sie sind wirklich und wahrhaftig einen großen Teil des Tages damit beschäftigt, herauszufinden, was als nächstes passiert. Sehr oft passiert nichts Interessantes, dann lungern sie einfach rum. Aber wachsam sind sie trotzdem. Sie kontrollieren nämlich nicht nur uns, sondern auch die Umgebung und melden, wenn etwas komisch ist. Und das ist doch wieder nützlich, oder?

Kontrolle ist es etwas ganz normales und auch damit werden wir uns weiter hinten ausführlicher befassen. Wer einem Lebewesen verbietet, seine Umgebung zu kontrollieren, hat vermutlich selber einfach ein Kontrollproblem. Hören Sie nicht darauf. Nur wer seine Umgebung unter Kontrolle hat, kann auch unbefangen durch die Welt gehen, weil er sich sicher fühlt. Alles andere ist Unfug.

Verbale Umwege

Ist das nicht das gleiche wie eine Ersatzdiskussion? Nicht ganz, aber es hängt eng zusammen und wir werden auf diesen Punkt im Laufe des Buches noch oft genug stoßen. Viele Menschen tendieren dazu, alles und jedes irgendwie zu artikulieren. Das ist das eine Extrem, das andere ist: so gut wie nichts zu sagen und das Wenige dafür dann immer in gleichbleibendem Tonfall und womöglich mit minimalem Wortschatz. Gleich ist beiden Varianten, dass sie für die Hunde oft nicht klar verständlich sind.

Ein verbaler Umweg kann sein, dass Sie Ihrem Hund erst einen langen Roman erzählen, bis Sie zu dem kommen, um was es wirklich geht. Ihr Liebling hopst beispielsweise etwas ungestüm auf einen anderen Hund zu, der eindeutige Anzeichen von Unsicherheit und vielleicht sogar Angst zeigt. Vielleicht möchte er ein bisschen mehr Zeit zum Kennenlernen, vielleicht hat er Schmerzen und mag so stürmische Hunde gar nicht, egal, er möchte das nicht und das ist sein gutes Recht. Anstatt ihn mit der Leine abzusichern, an die Hunde bei Annäherung von unbekannten Hunde zuerst einmal immer gehören, oder indem Sie einfach dazwischen gehen, um Ihren fidelen Jungspund abzustoppen, fangen Sie an, irgendwas zu sagen: „Hee, Süßer, mach mal langsam, das mag der nicht, siehst du das nicht?" Wenn Sie gleich nur „blablabla" machen würden, käme es aufs Gleiche raus: ihr Herzchen hopst weiter, der andere beschwichtigt oder droht sogar schon und bis Sie sich umgesehen haben, haben Sie die heftigste

Auseinandersetzung zwischen den beiden. Wenn Sie jetzt zur schweigsamen Variante gehören, bleiben Sie vielleicht einfach stehen und warten ab – was im geschilderten Fall auch nicht besser ist, aber es ist zumindest kein „verbaler" Umweg.

Entweder müssen Sie so eine Situation mit einem gut funktionierenden und gut aufgebauten Rückrufkommando lösen oder Sie gehen dazwischen und vermitteln Ihrem Hund klar und deutlich, dass das jetzt nicht richtig ist, was er macht. Gleichzeitig bekommt der andere Hund die Botschaft, dass Sie sich schon kümmern und er keine Angst zu haben braucht. Noch besser wäre es, Ihr Hund ist an der Leine und Sie bieten ihm eine freundliche Alternative an: wir gehen einen Bogen. Und da er an der Leine ist, können Sie das ohne große Worte auch absichern.

Artgerecht und ganzheitlich

Wenn von Hundehaltung oder Hundeerziehung die Rede ist, fallen oft Begriffe wie „artgerecht" und „ganzheitlich". Ganzheitlich ist ein sehr guter Begriff, wenn man ihn wirklich ernst nimmt. Er bedeutet, dass man alle Aspekte berücksichtigt, die den Hund betreffen: seine Rasse, sein Geschlecht, sein Alter, seinen Gesundheitszustand, wo er wie lebt ... Wenn man diese Dinge bedenkt, weiß man viel über seinen Hund und kann ein gutes Leben mit ihm führen. Man kann beispielsweise darunter verstehen, dass man ein auf den ersten Blick problematisches Verhalten wie das Jagen von Katzen oder Radfahrern im Zusammenhang sieht mit allem, was diesen Hund ausmacht. Er kann einer sehr lauffreudigen Rasse angehören, es wurde ihm nie beigebracht, wie er mit Katzen und Joggern umgehen muss, und vielleicht ist er ja auch in dem Alter, in dem Hunde anfangen das Jagen zu üben, also muss man etwas unternehmen. Ein ganz wichtiger Aspekt in diesem Beispiel ist, dass nur wir Menschen dieses Verhalten als problematisch empfinden, für Hunde ist es ganz normal. Wenn wir jetzt versuchen ein Alternativverhalten zu trainieren, z.B. setze dich hin, wenn du eine Katze siehst, dann müssen wir das freundlich aufbauen, denn der Hund hat keinen Fehler gemacht.

Mit „artgerecht" sieht es schon anders aus, denn ganz im Ernst: wer hält seinen Hund schon artgerecht? Und ist das Gehorsamstraining, das sich die meisten Menschen für ihren Hund wünschen, tatsächlich artgerecht? Artgerecht wäre es, wenn Sie morgens die Haustüre öffnen, Ihrem Bello einen schönen Tag wünschen und sich abends freuen, wenn er wieder kommt. Das war vor nicht allzu langer Zeit sehr häufig der Fall. Und wenn eine läufige Hündin auskam, dann hat man sich zwar nicht gefreut und leider wurden in vielen Fällen die Welpen grausam ermordet, aber man lebte damit, dass das eben so ist. Heute ist den Hunden so gut wie alles verboten, was eigentlich artgerecht wäre: spazierengehen wann und wohin man möchte, den Paarungspartner suchen, der einem der liebste ist, Mülleimer ausräumen, Mäuse ausbuddeln, Katzen jagen ... Fragen Sie einen x-beliebigen Hundetrainer oder Hundehalter, ob er diese Art der Hundehaltung für richtig hält. Sie werden ziemlich entsetzte Reaktionen ernten. Aber das wäre artgerecht, wenn Hunde selbstbestimmt leben könnten.

Grundsätzlich sollte man immer ein gesundes Misstrauen entwickeln, wenn jemand mit Begriffen wie diesen um sich schmeißt. Es wäre schön, wenn wir unsere Hunde so halten und so mit ihnen leben könnten, dass sie tatsächlich artgerecht, ganzheitlich und selbstbestimmt ihr Leben führen könnten. In unserer modernen Welt geht das aber leider nicht so einfach. Deshalb sollten wir uns mit solchen Begriffen ein klein bisschen zurückhalten.

Achtsamkeit

Ein achtsamer Umgang mit Ihrem Hund ist unabkömmlich. Das bedeutet, dass Sie wissen, was Sie ihm zumuten können und was nicht, was ihn freut und was er lieber meidet. Sie wissen, wann er gerne Körperkontakt hätte und wann lieber seine Ruhe und Sie merken auch, wann Sie ihm zur Seite stehen müssen – nämlich nicht erst, wenn die Not groß ist, sondern schon lange vorher.

Achtsamkeit bedeutet, dass Sie Geduld mit ihm haben, ihm die Liebe und Zeit geben, die er braucht und verdient, ihn fürsorglich und freundlich durchs Leben führen und für seine Liebe dankbar sind.

Fazit:

Überlegen Sie sich einfach, ob das, was Sie von Ihrem Hund fordern, sinnvoll und nützlich ist und ob Sie es machen würden, wenn Sie ein Hund wären. Und ob Sie es gerne machen würden. Natürlich geschehen manchmal Dinge, die Hunde nicht so toll finden, z.B. zum Tierarzt gehen, oder

Bello wird angeleint, wenn gerade ein schnuckeliges, läufiges Mädchen in der Nähe ist. Aber das kommt ja nicht pausenlos vor. Also erziehen Sie ihn gewaltfrei und freundlich mit liebevoller Konsequenz, stellen ihm leichte Aufgaben und steigern langsam die Ablenkung und den Schwierigkeitsgrad. Belohnen Sie ihn für Geduld, Höflichkeit und Freundlichkeit. Sagen ihm nicht, was er nicht machen soll, sondern lieber, was er stattdessen tun soll.

Merken Sie sich bitte eins: Erziehung heißt nicht möglichst viele Kommandos einzuüben, sondern Erziehung heißt: Ich zeige dir, wie Leben geht und wie wir gemeinsam gut durchs Leben kommen.

Und denken Sie auch an eins: das Leben mit Hunden ist viel zu schön, um nur durch Signale geregelt zu werden. Haben Sie Spaß an und mit Ihrem Hund – dann macht auch Gehorsam Spaß.

1.2. Hunde aus zweiter Hand – Tierschutzhunde

Hunde aus zweiter Hand, also Hunde, die entweder direkt vom Vorbesitzer oder aus dem Tierschutz kommen, haben schlimme Dinge hinter sich. Das muss nicht bedeuten, dass sie geschlagen oder vernachlässigt wurden. Es kann sein, sie wurden immer gut versorgt und liebevoll behandelt. Aber sie haben ihr Zuhause verloren, manche sogar mehrfach. Für jedes soziale Lebewesen bedeutet der Verlust der vertrauten und geliebten Partner ein starkes Trauma. Für Hunde, die nicht mal ansatzweise ihr Leben in der Hand haben und in allem von uns abhängig sind, ist es eine Katastrophe. Sie können sich ja auch nicht aussuchen, wo sie nach dem Tod ihres Menschen oder nach der Trennung des Paares, bei dem sie gelebt haben, hinkommen. Wenn sich eine nette Nachbarin erbarmt, die Bello schon kennt, ist es vielleicht halb so schlimm. Aber stellen Sie sich vor, ein alter Mensch wird so krank, dass er sich nicht mehr um seinen Hund kümmern kann, und die Angehörigen bringen ihn ins Tierheim? Was ein Hund in so einer Situation empfindet, können wir nur ansatzweise erahnen. Dass er durch diesen extremen Kontrollverlust schwer traumatisiert ist, ist nachvollziehbar. Dazu muss er weder misshandelt noch ausgesetzt worden sein.

Einer der extremsten mir bekannten Fälle ist ein kleiner Terrier, der in Ungarn auf der Straße gelebt hat, dort eingefangen und ins Tierheim gebracht wurde. Er wurde von einer Tierschutzorganisation nach Berlin geholt, wo er mit bis zu 20 Hunden in einer Wohnung leben musste. Hunde, die sich nicht vertrugen, wurden in Boxen gesperrt. Dann wurde er insgesamt vier Mal vermittelt, drei Mal an Familien mit Kindern, die vollkommen überfordert mit dem kleinen Kerl waren. Bei der vierten Familie kam er endlich an Menschen, die ihn sehr lieben, sich um ihn bemühen und dort wird er auch bleiben. Ein Hund, der so oft aus einem vertrauten Umfeld gerissen wurde – und immer wurde es schlechter, nicht besser – ist schwer traumatisiert und verhält sich nicht „normal". Denn für ihn ist es nicht klar, dass er gerettet werden soll. Ihm ging es auf der Straße gut, er war vertraut damit und alles, was danach kam, war für ihn alles andere als gut. Er kann von Glück reden, dass seine jetzigen Menschen Verständnis dafür haben.

Indiana, eine Mischlingshündin aus Griechenland, kam mit 6 Monaten über Häuser der Hoffnung zu uns

Unser Maxl lebte bei einer sehr lieben, alten Dame in Berlin, ehe er zu uns kam. Sie musste ihn abgeben, weil sie mit ihm einfach nicht mehr klar kam. Sie war körperlich vollkommen mit ihm überfordert. Er hatte zweieinhalb Jahre zwar kein hundegerechtes Leben mit viel zu wenig Auslauf und geistiger Anregung, aber er liebte seine Oma und er kannte es nicht anders. Es dauerte Monate, bis er sich von dem Schock „meine Oma ist weg und ich kann sie nicht mehr finden" erholte – obwohl es ihm bei uns ganz sicher besser ging – sprich: er führt jetzt ein hundegerechtes Leben mit anderen Hunden, viel Auslauf und er wird sicher genau so geliebt wie vorher.

Bitte haben Sie Verständnis dafür, dass Ihr Hund sein neues Zuhause nicht unbedingt immer als großartige Verbesserung empfindet. Dass Sie sich über Ihren neuen Hausgenossen freuen, heißt noch lange nicht, dass er sich über Sie freut. Es heißt auch nicht, dass er dankbar sein muss – egal aus welchen Umständen er zu Ihnen kam. Zunächst sind Sie einfach wieder jemand, der über ihn bestimmt, ohne ihn zu fragen, ob er das auch möchte.

Und jetzt die gute Nachricht: wenn man sich mit diesen Hunden entsprechend befasst, ihnen Zeit lässt, Verständnis für sie aufbringt und ihnen freundlich und geduldig die Regeln des Zusammenlebens nahe bringt, sind alle diese Hunde ein 6er im Lotto mit Superzahl! **ALLE!** Geben Sie also nicht auf, Sie haben sich einen Jackpot ins Haus geholt, Sie können es nur noch nicht sehen. Aber ich verspreche Ihnen: genau so ist es.

Besonders wichtig ist, dass Sie ihn nicht pausenlos bedauern: oh du Armer, was hast du alles erlebt! Er wird das nicht verstehen, weil Hunde nicht in der Vergangenheit leben, sondern das, was Sie jetzt sagen, auch auf jetzt beziehen. Und jetzt geht es ihm doch gut, oder? Sie haben ihn zu sich geholt, weil er nicht im Tierheim bleiben soll oder weil er keine Zukunft in seiner alten Familie hatte. Jetzt beginnt ein neues Leben und das beginnt nicht mit Gejammere sondern mit Freude, Vertrauen und Zuversicht.

Die ersten Tage und Wochen sollten Sie ihm viel Zeit geben, damit er seine Umgebung gründlich kennenlernt. Dazu müssen Sie ihn ausschließlich an der Leine führen. Bei Hunden, die gerne mal ausreißen, sollten Sie entweder an einem ausbruchsicheren Geschirr oder an einer Kombination von Brustgeschirr und breitem, weichem Halsband mit zwei Leinen führen. Dabei ist es die Leine am Geschirr, über die Sie ihn tatsächlich führen. Die Leine am Halsband dient nur für den Notfall. Zeigen Sie ihm alle Wege in der Umgebung, so dass er wieder nach Hause findet, wenn er tatsächlich mal abhanden kommt. Gehen Sie langsam mit ihm, nur kurze Zeit, lieber 3x täglich eine halbe Stunde, als 2x eine ganze.

Achten Sie genau auf alle Signale, die er Ihnen zeigt, damit Sie erkennen können, was ihn ängstigt oder beunruhigt, aber auch was ihm gefällt und ihn erfreut. Von den meisten Hunden aus zweiter Hand weiß man nicht wirklich viel. Denn selbst wenn Sie ihn direkt vom Vorbesitzer haben, kann es sein, dass er Ihnen nicht alles über ihn sagen will. Oder hat er seinen Hund nie richtig verstanden? Machen Sie keinen Druck, wenn er heute den gefährlichen Hydranten nicht inspizieren möchte, dann macht er das vielleicht nächste Woche. Wichtig ist, dass Sie ruhig bleiben, ihm klar machen, dass der Hydrant, der Gartenzwerg, die Mülltonne, was auch immer vollkommen ungefährlich ist und Sie keine Angst davor haben. Um das selber sicher feststellen zu können, geben Sie ihm jede Zeit, die er braucht.

Manche Hunde müssen ihren Frust und ihre Not sehr laut und ausführlich in die Welt posaunen. Es gibt Hunde, die wochenlang immer wieder Bellattacken haben, und das kann einem ganz schön auf die Nerven gehen. Falls Ihr Freund so einer ist, bitten Sie die Nachbarn um Verständnis, vielleicht hilft ja eine Flasche Wein ein bisschen nach, und bleiben auch Sie wieder ganz ruhig. Unser Maxl musste mehrere Wochen jeden Tag ein bis zwei Stunden in den Wald hineinbellen. Am Anfang hat er kaum registriert, wenn man ihn ansprach. Nach einer Woche hat er immerhin mitbekommen, wenn ich zum ihm ging und ihm vorschlug, mit mir mitzukommen. Nach zwei Wochen konnte ich ihn abrufen und nach vier, fünf Wochen hörte es ganz allmählich auf. Jetzt wohnt nicht jeder so einsam wie wir und hat so nette Nachbarn. Aber ganz sicher geht das spurlos vorbei. Nur Druck dürfen Sie keinen machen, sonst wird es immer schlimmer.

Übertreiben Sie es nicht mit den Gehorsamsübungen, sondern finden Sie den Weg, der langsam genug ist, dass Ihr kleiner Freund mitmachen kann, ohne unter Druck zu geraten. Ein einfaches Abrufen, das freundlich aufgebaut wird, Leinenführigkeit und zwangloses Mitkommen – mehr brauchen Sie am Anfang nicht. Ihre Pelznase ist so beschäftigt mit der neuen Umgebung, mit dem Erlernen der neuen Regeln in Ihrem Alltag und mit den unendlich vielen Eindrücken, die auf sie einstürmen, wenn Sie jetzt auch noch komplizierte „bleib"- oder „bei Fuß"-Übungen anfangen, dann sollten Sie sich nicht wundern, wenn das schief geht. Auch die sog. Bindungsarbeit ist vollkommen überflüssig. Ein liebevoller und achtsamer Umgang mit Ihrem neuen Freund ist der beste Weg zu einer liebevollen Beziehung – denn dazu muss er erst Vertrauen zu Ihnen bekommen und dafür braucht er Zeit. Spielen, Beschäftigung und jede Form von Auslastung sind zweitrangig. Die Eingewöhnung hat jetzt absoluten Vorrang und kostet mehr als genug Kraft. Rechnen Sie ungefähr mit einem Jahr, bis sich alles normalisiert hat. Die Dauer ist abhängig davon, wie alt und wie stark traumatisiert Ihr kleiner Freund ist. Je jünger er ist, umso schneller geht es meistens auch. Letztendlich bestimmt aber Ihr Hund, wie lange es dauert, bis er sich wirklich und wahrhaftig bei Ihnen eingelebt hat.

Manche Hunde fangen nach einer Weile an, ihre neue Familie ernsthaft zu beschützen. Die Ursachen können sehr unterschiedlich sein. Z.B. kann Ihr neuer Freund einfach eine Situation falsch verstehen und schließt aus Ihrem Erschrecken oder Ihrer Reaktion, dass Sie sich fürchten. Manch ein erwachsener Hund, egal ob Hündin oder Rüde, beschließt dann, seine neue, freundliche Familie zu beschützen, wenn es sein muss auch massiv. Falls Sie sich die Lösung alleine nicht zutrauen, suchen Sie eine Hundeschule auf, die gewaltfrei arbeitet und vernünftig und ohne Zwangsmaßnahmen Ihrem Bello zeigt, dass alles ganz harmlos ist und dass man allen potentiellen Gefahren ganz einfach ausweichen kann. Das kann dauern, aber bei richtigem Training funktioniert es immer.

So sieht ein Lottogewinn aus

Hunde aus zweiter Hand sind auch nicht unbedingt begeistert, wenn sie auf andere Hunde treffen. Wenn in Ihrem Haushalt schon Hunde wohnen, müssen Sie unbedingt noch bevor der neue Hund einzieht abklären, ob sie sich auch alle vertragen. Das schlimmste, was Ihrem neuen Freund passieren kann, ist, dass auch Sie ihn wieder zurückgeben. Das hat er nicht verdient, also gehen Sie zuerst mit allen Hunden unter kompetenter Aufsicht spazieren, so dass sie sich unbefangen und freundlich kennen lernen können. Auch in der neuen Heimat achten Sie gut darauf, wie sich die Hunde untereinander verhalten. Manche Hunde fangen an, Wassernäpfe und Liegestellen massiv zu verteidigen, der neue Hund darf gar nichts oder der neue Hund versucht, die anderen zu verdrängen.

Ganz besonders trifft das auf Hunde aus dem Auslandstierschutz zu. Viele Organisationen vermitteln Auslandshunde nach besten Wissen und Gewissen mit dem Gütesiegel „sozialverträglich“, weil sie weder in der Auffangstation, im Tierheim oder bei der Pflegestelle auffällig wurden. Gerade schüchterne und körperlich oder mental eher schwache Hunde neigen nämlich dazu, sich in einer großen Gruppe mehr oder weniger zu verstecken. Sie haben in der Regel schlechte Erfahrungen gemacht, wenn sie sich in den Vordergrund stellen. In deutschen Tierheimen sind die Bedingungen für die Hunde ebenfalls alles andere als ideal. Aber in ausländischen Tierheimen, die noch akuter von Geldmangel bedroht sind, ist es viel dramatischer. Es gibt vielleicht nicht genug zu fressen, nicht ausreichend Liegeplätze, die Hunde sind nicht alle kastriert und müssen aus Platzgründen in großen Gruppen gehalten werden. Da kann man sich leicht vorstellen, dass die Schwachen unter die Räder kommen, wenn sie keine Strategien zum Überleben entwickeln. Und die beste Strategie heißt: unsichtbar machen. Mit Sozialverträglichkeit hat das nicht unbedingt etwas zu tun, da es einfach darum geht, auch mal einen Happen zu erwischen oder ein ungestörtes Stündchen auf einem bequemen Platz zu verbringen, wenn die anderen gerade mal mit anderen Dingen beschäftigt sind und nicht merken, dass die Opfer in der Gruppe gerade von ihrer Unaufmerksamkeit profitieren.

Sicher können Sie sich gut vorstellen, dass viele dieser Hunde erstmal einfach nur froh sind, wenn sie keine anderen Hunde mehr am Hals haben. Besonders betroffen sind junge und kleine Hunde. Sie sollten deshalb nicht allzu sehr erstaunt sein, wenn Ihr Liebling aus dem spanischen oder rumänischen Tierschutz zum Zombie mutiert, sowie er einen Artgenossen sieht. Suchen Sie sich professionelle Hilfe in einer gewaltfreien Hundeschule, die weiß, was sie tut. Zu diesem Thema gibt es ausführliche und gute Literatur, deshalb soll das hier nur erwähnt werden.

Ihnen muss klar sein, dass das Päckchen, das ihr Freund mitbringt, auch unerfreuliche Überraschungen bergen kann. Trotzdem: Hunde aus zweiter Hand, egal ob aus dem deutschen oder ausländischen Tierschutz oder von den Nachbarn aus dem übernächsten Haus sind immer ein Sechser im Lotto mit Superzahl. Also: bleiben Sie dran. Sie werden es nicht bereuen.

1.3. Alte Hunde

Eine Besonderheit sind alte Hunde, die man bei sich aufnimmt. Viele Menschen denken, das lohnt sich nicht mehr, der stirbt doch bald, was hab ich denn von so einem Hund. So kann man das natürlich sehen, besonders nett ist es nicht. Und besonders viel wissen Menschen mit solchen Ansichten auch nicht über alte Hunde. Wer einmal mit einem Hund seine ganze Lebensspanne verbracht hat, ihn als Welpen adoptiert und als Hundegreis verloren hat, der weiß, dass gerade die alten Hunde eine Verbundenheit und Liebe zeigen, die einzigartig ist.

Warum alte Hunde im Tierschutz landen oder eine neue Stelle brauchen, hat verschiedene Gründe. Der schrecklichste ist: er wird nicht mehr gebraucht, weil er alt geworden ist. Das kommt leider gar nicht so selten vor. Kein Mensch, der seinen Hund wirklich liebt, wird das fertigbringen. Wir müssen uns also über die menschlichen Qualitäten solcher Zeitgenossen keine Illusionen machen. Man kann sich gut vorstellen, wie froh und dankbar ein Hund ist, der dann endlich richtig geliebt und versorgt wird.

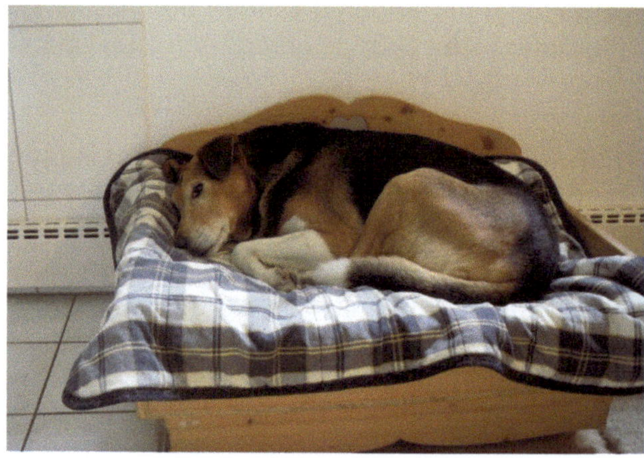

Alte Hunde brauchen viel Schlaf

Ein anderer Grund, der für die betroffenen Hunde sicher genauso schrecklich ist: sein Mensch wird alt, krank und gebrechlich und kann sich nicht mehr ausreichend um seinen Vierbeiner kümmern. Manchmal haben Mensch und Hund das Glück, dass sich in der Nachbarschaft jemand findet, der den Hund zum Spaziergang abholt, die Besuche beim Tierarzt erledigt und sich um alles kümmert, was eben so ansteht. Aber das kostet Geld, wenn es sich um eine Hundeschule oder einen selbständigen Gassigänger handelt, denn auch die müssen leben und können nicht für lau arbeiten. Auch die Angehörigen sind häufig mit der Aufnahme von Opas Liebling überfordert. Entweder passt ein Hund einfach nicht in ihren Alltag oder sie haben bereits einen Hund und die beiden finden nicht zusammen. Also muss der arme, alte Kerl auf seine letzten Tage noch eine neue liebevolle Seele finden. Es gibt mittlerweile schon Organisationen, die sich dieser Problematik angenommen haben, z.B. Omi-Hunde-Netzwerk. Aber auch die sind häufig einfach mit der schieren Menge an Hunden überfordert.

Warum sollte man sich jetzt einen Hundesenior ins Haus holen, wenn nicht aus purem Mitleid?

Ganz einfach. Alte Hunde haben eine ganz besondere Art. Sie haben den größten Teil ihres Lebens hinter sich, haben gute und schlechte Erfahrungen gemacht, wissen sehr genau, was sie wollen und was nicht, wen sie nett finden und wen doof. Sie haben konkrete Vorstellungen, wie ein guter Tag aussieht – und ob Sie es glauben oder nicht – sie lassen sich mit ein wenig Einfühlungsvermögen leicht integrieren. Was braucht so ein alter Hund? Natürlich einen liebevollen Menschen, der sich darüber im klaren ist, dass man mit dem alten Kumpel öfter mal zum Tierarzt muss, dass er zwar noch gerne Neues erlebt, aber in verträglichen Portionen. Man muss auf die besonderen Bedürfnisse des Seniors eingehen und bereit sein, auch mit den unerfreulichen Seiten klar zu kommen. Dann brauchen Sie einen Tierarzt, der alte Hunde respektiert und Sie nicht anstelle einer notwendigen Behandlung wegschickt, weil „es sich ja nicht mehr lohnt!". Vielleicht brauchen Sie auch eine gute Hundeschule, die Ihnen beratend zur Seite steht, und manchmal ist es sinnvoll eine Hundephysiotherapeutin aufzusuchen.

Alte Hunde, wenn es ihnen gut geht und sie sich wohl fühlen, sind sehr gemütlich, aber sicher nicht langweilig. Sie erkunden noch gerne neue Sachen, denn auch wenn die Ohren und Augen nicht mehr so richtig wollen, die Nase funktioniert bis zum letzten Atemzug und das reicht. Sie gehen gerne spazieren, wenn man das Tempo anpasst und die Strecke so gestaltet wird, dass es interessante Dinge zu entdecken gibt. Eben weil die Sinne nicht mehr so richtig funktionieren, ist es ratsam, einen entdeckungsfreudigen Senior an einem gutsitzenden Brustgeschirr und einer langen Leine (fünf Meter) zu führen. So verhindern Sie, dass er einer interessanten Spur nachläuft und Sie aus den Augen verliert. Gleichzeitig hat er genug Spielraum, um seine Umgebung zu erkunden.

Richtig alte Hunde von 13, 14 Jahren und mehr hatte ich schon im Gerätetraining und von einem Training zum anderen konnte man sehen, wie der Opa oder die Oma immer munterer und interessierter wurden. Natürlich passt man jedes Training den körperlichen Fähigkeiten eines alten Hundes an. Es geht ja auch nicht darum, riesige Hindernisse zu überwinden oder weiß Gott was für Großtaten zu vollbringen. Aber Leckerchen in den Reifen suchen, einen einfachen Parcours mit niedrigen Hürden zu überwinden, bei dem gleichzeitig mit ein wenig Cavaletti die Muskeln und Gelenke geschmeidig gehalten oder gemacht werden, das macht unseren Senioren großen Spaß und fordert sie nicht nur körperlich, sondern auch geistig.

Alte Hunde wollen auch noch was erleben

Selbst beim Mantrailing kann man alte Hunde mitmachen lassen. So ein Opa wird das ganz gelassen angehen, denn er muss mit seinen Kräften haushalten und deshalb wird er sich gut überlegen, wie er die gestellte Aufgabe lösen kann. Aber lösen kann er sie, wenn sie richtig gestellt ist. Da können Sie sicher sein.

Unser alter Anton, der seit August 2015 mindestens 80% seines Lebens bei uns verbringt, ist ein hervorragendes Beispiel. Zu diesem Zeitpunkt war Anton 13 Jahre alt, seine Menschen hatten sich getrennt und sein Herrchen hatte nicht mehr genug Zeit für ihn. Bei uns hat dieser alte Herr noch sehr viel gelernt: Treppen steigen, Socken abends vom Schlafzimmer in die Küche transportieren und dafür Leckerchen kassieren, mit Maxl und Indiana Hunde am Zaun anpöbeln, am Frühstück mit den anderen Hunden teilnehmen, denn irgendwas fällt immer ab, gemeinsame Ausflüge mit dem Auto ... Anton findet das großartig und aus einem Hund, der mit dem Leben schon abgeschlossen hatte, ist ein zwar körperlich beeinträchtigter, aber lebensfroher Hund geworden, der sicher noch lange unter uns weilen wird.

Auf was Sie aber auf alle Fälle achten sollten: wenn junge und / oder sehr lebhafte Hunde oder auch lebhafte Kinder bei Ihnen leben, dann müssen Sie gut prüfen, ob ein Senior sich bei Ihnen wohlfühlt. Alte Hunde brauchen wie alte Menschen mehr Ruhe als junge und bei zu viel Trubel wird es ihnen schnell zu viel. Das gilt nicht nur für alle alten Hunde, aber bedenken müssen Sie es bei der Auswahl. Denn das schlimmste, was der Oma passieren kann, ist, dass sie sie zurückbringen.

Natürlich kann es auch Probleme mit alten Hunden geben, auf die man sich einstellen muss, bzw. man muss sich gut überlegen, wie man sie vernünftig löst. Alte Hunde werden manchmal – durchaus nicht immer – inkontinent oder halten nicht mehr so lange durch, bis sie sich lösen können. Da ist es sinnvoll, wenn der kleine Kerl direkten Zugang ins Freie hat, bzw. Sie müssen sehr gut auf ihn aufpassen und seine Gewohnheiten kennen, damit Sie ihn sofort ins Freie bringen können. Bei vielen Hunden reicht es auch, wenn man einfach öfter mit ihnen vor die Tür geht.

Auch Demenzerscheinungen sind bei alten Hunden möglich. Hier benötigen Sie einen guten Tierarzt oder eine Tierheilpraktikerin, die wissen, wie man das behandeln kann. Das Treppensteigen fällt schwerer, die Augen und Ohren werden schwächer, er braucht Sie in vielen Momenten, damit Sie ihm beistehen, ihn tragen oder unterstützen. Die allermeisten Oldies sind sehr froh, wenn sie merken, dass sich jemand um sie kümmert und ihre kleinen Schwächen als das nimmt, was sie sind: kleine Schwächen, die man mit ein wenig Überlegung meistern kann.

Auch beim Fressen muss man jetzt mehr darauf achten, was man gibt, da die Zähne vielleicht schon sehr abgenutzt sind und schmerzen, wenn er harte Sachen kauen muss. Das Futter sollte also weich und leicht verdaulich sein und auf mehrere Portionen am Tag verteilt werden.

Und wenn er stirbt?

Ehrlich gesagt, halte ich es da mit Martin Luther und seinem Apfelbäumchen: selbst wenn ich wüsste, dass dieser Hund morgen sterben kann und ich kann ihm nur noch einen einzigen Tag zeigen, dass er geliebt wird, ich würde ihn zu mir holen. Das ist nicht jedermanns Einstellung und das muss auch nicht sein. Aber einmal gibt ihnen kein Tierheim einen Sterbekandidaten, darauf können Sie sich verlassen. Und dann erlebt man Zeichen und Wunder, wie die Oldies aufblühen. Aber wenn es soweit ist, endgültig Abschied zu nehmen, dann ist es eben so. Nicht einmal wenn ein Welpe bei Ihnen einzieht, haben Sie eine Garantie dafür, dass er mindestens zehn oder mehr Jahre bei Ihnen bleiben wird. Der Abschied ist immer schwer, aber er gehört zum Leben. Einen Hund in dem Bewusstsein gehen zu lassen, dass man ihm noch eine schöne und erfüllte Zeit schenken konnte, ist auch ein Geschenk an uns.

Und? Habe ich Ihr Interesse geweckt. Dann möchte ich Sie auf eine Aktion aufmerksam machen, die meine liebe Kollegin Petra Gruber aus Klagenfurt ins Leben gerufen hat: Aktion10plus. Auf der Homepage und auf Facebook finden Sie immer wieder Hinweise auf Hunde in österreichischen und deutschen Tierheimen, die dringend einen lieben Menschen suchen. Ebenso finden Sie hier Hundeschulen, Zubehörläden, Physiotherapeuten und vieles mehr, die Sonderangebote für Menschen mit adoptieren Senioren haben. Versuchen Sie es einfach – es lohnt sich garantiert.

2. Signalaufbau und Grundgehorsam

2.1. Was bedeutet eigentlich „Gehorsam"?

Wenn Sie sich noch nie damit befasst haben, wie Hunde lernen, dann sollten Sie das jetzt tun. Lernverhalten ist bei Hunden sehr gut erforscht – aus einem ganz einfachen Grund. Man wollte wissen, wie Menschen lernen und hat Versuche mit verschiedenen Tieren gemacht, um das heraus zu finden, u.a. hat man häufig Hunde verwendet. Wenn also an Hunden Erkenntnisse gewonnen wurden, wie Lernen stattfindet und man hat diese Erkenntnisse auf Menschen übertragen, dann kann man mit gutem Grund dieses Wissen auch auf Hunde anwenden.

Grundsätzlich wird das meist über Konditionierung erlernt. Es gibt verschiedene Formen, z.B. die klassische Konditionierung: ein unbedeutender Reiz wird bedeutend. Das heißt: beim Abrufen lernt Ihr Hund das Hör- und Sichtzeichen für Ihr Abrufsignal, indem Sie es ihm gut zeigen und ihn belohnen. Wenn Sie einfach so rufen, ohne es aufzubauen, versteht er nicht, was Sie wollen. Hunde lernen aber auch durch Nachahmung. Wenn Sie ihm „steh" so erklären, dass Sie stehen bleiben, wenn Sie das Signal sagen, ihn loben, weil er auch stehen geblieben ist und ihn belohnen, dann hat er Sie einfach nachgeahmt. Eine weitere Variante ist das Lernen durch Versuch und Irrtum. Wenn Ihr Liebling herausfindet, dass er etwas bestimmtes machen muss, damit Sie ihm ein Leckerchen geben, z.B. ist es besser sich hinzusetzen anstatt an Ihnen hoch zu springen, dann hat er eben solange rumprobiert, bis er den Schlüssel zum Erfolg gefunden hat. Je mehr Möglichkeiten er beherrscht, um so schlauer ist er und das sollten Sie fördern. Es gibt zu diesem Thema sehr gute Literatur, z.B. „Die Welt in seinem Kopf" von Dorothèe Schneider.

Viele Leute denken, ein Hund verfügt über einen guten Grundgehorsam, wenn er Signale korrekt ausführt. Das kann so sein, muss aber nicht. Ich war früher oft auf Turnieren (Turnierhundesport). Ein wesentlicher Bestandteil dieser Turniere ist der Gehorsamsteil. Leider waren immer wieder jede Menge Hunde dabei, die bei diesem Teil zwar die höchste Punktzahl erreicht haben, nur war alles vergessen, sobald sie den Platz verlassen hatten. Wie kann so etwas passieren?

Ein Grund ist, dass diese Art von „Gehorsam" etwas mechanisches ist, das einfach abgespult wird und mit unserem Alltag nicht viel zu tun hat. Man versucht, die Hunde komplett unter Kommandokontrolle zu bringen und das misslingt aus den verschiedensten Gründen fast immer. Kein Lebewesen auf dieser Welt muss ständig und unter allen Umständen „gehorsam" sein. Das würde die völlige Aufgabe des eigenen Willens bedeuten und das kann niemand ernsthaft wollen. Heißt das, dass es 100% besser funktioniert, falls Sie meine Methode anwenden, die ich bei meiner animal-learn-Ausbildung gelernt habe und seitdem anwende? Ganz so einfach ist es nicht. Viel hängt davon ab, dass Sie freundlich, konsequent und im richtigen Tempo Ihrer Pelznase beibringen, was wirklich wichtig für Sie beide ist. Dann müssen Sie dran bleiben und alles immer mal wieder üben und wiederholen, aber nicht um des Wiederholens willen, sondern damit alles aktiv in Ihrem und seinem Repertoire vorhanden ist und auch bleibt.

Sie müssen die Belohnung und die Bestätigung richtig einsetzen, die Ablenkung peu à peu aufbauen, allein, in Gemeinschaft mit Menschen und in der Anwesenheit von Hunden alles üben. Und Ihnen muss klar sein, dass Sie keine Maschine, sondern ein Lebewesen mit eigenem Willen, eigenen Vorstellungen und eigenen Prioritäten haben. Das kann schon mal zu Ihren Vorstellungen komplett konträr laufen. Selbstverständlich gehen Sie nicht so vor, dass Sie sagen: naja, wenn er halt so gerne Rehe jagt ... So nicht. Dann muss man eben vernünftige Maßnahmen ergreifen, z.B. Antijagdtraining und vermehrtes Führen an der langen Leine, um Problemen vorzubeugen.

Im Gegensatz zum Kadavergehorsam ist es bei animal-learn-Training auch unbedingt erforderlich, dass Sie das Ausdrucksverhalten von Hunden verstehen, aber auch wie Ihre Körpersprache und Ihr Ausdrucksverhalten auf Ihren Hund wirken. Keine Angst, das kann man alles lernen. Und wer sich einmal gründlich damit befasst hat, kann nie wieder anders mit Hunden umgehen. Denn Grundgehorsam definiert sich nicht allein über Signale oder Kommandos. Manche Hunde beherrschen kaum „sitz, platz, Fuß", aber sie wissen genau, dass sie sich jederzeit an ihren Menschen orientieren können, sie werden sicher und souverän mit vernünftigen verbalen und körpersprachlichen Signalen geführt und kommen so hervorragend durchs Leben. Das können sie vergleichen mit Menschen, die zwar nicht perfekt lesen und schreiben können, aber dafür sympathische Zeitgenossen sind, mit denen jeder gern zu tun hat.

Ein entscheidender Punkt, ob ein Hund gerne folgt oder nicht, ist unsere Einstellung zu Signalen. Wer seinen Hund ständig rumkommandiert, einfach um zu beweisen, wie gut er ihn im Griff hat, wer auch bei sinnlosen Anweisungen auf Gehorsam besteht, oder seinen Hund zu Kommandos zwingt, wenn er sich in seiner Sicherheit bedroht fühlt und Angst um Leib und Leben haben muss, der sollte sich nicht wundern, wenn er mehr und mehr Druck und Gewalt braucht, um seine Forderungen durchzusetzen. So muss jedem Hund erlaubt sein, ein Signal wie z.B. „platz" zu verweigern, wenn Hunde in der Nähe sind, die ihn bedrohen, er muss weggehen dürfen aus einem Kommando „bleib", wenn ihm ein Auto, Fahrrad, Jogger zu nahe kommen. Wer das nicht versteht, sollte lieber die Finger von Hunden lassen.

Die Grundsignale bringen Sie Ihrem Hund bei, damit Sie gemeinsam mit ihm gut durch den Alltag kommen. Wenn Sie jetzt diese Signale nicht sauber aufbauen, also im Prinzip nur in der Hundeschule und / oder zu Hause auf dem Hof üben, oder nur beim Spaziergang an einer bestimmten Stelle, dann wird Ihr Hund nicht verstehen, dass diese Signale auch denn gelten, wenn er sich mal woanders aufhält. Oder Sie machen zu viel Druck beim Einüben, dann macht er nur mit, wenn er nicht weg kann, z.B. am Hundeplatz oder an der Leine. Oder Sie üben Signale ein, die Sie im Alltag eigentlich gar nicht brauchen, und die wirklich wichtigen Alltagssignale laufen nebenher, werden nicht korrekt aufgebaut und sind damit für Ihren Hund unverständlich.

Ein gutes Beispiel ist das „Bei-Fuß-Gehen". Das ist ein nützliches Signal, wenn man eine schwierige Situation vor sich hat und den Hund bei sich haben möchte, z.B. wenn ein Behinderter von vorne kommt, Sie können nicht ausweichen oder warten, möchten aber nicht, dass dieser Mensch sich fürchtet. So weit, so gut. Nur lernen die meisten Menschen nach wie vor in den allermeisten Hundeschulen ihren Hund ausschließlich links zu führen. Wenn Sie an dem Behinderten so vorbei gehen, dass Ihr Hund zwischen Ihnen und ihm geht, dann kann es durchaus zu Problemen kommen. Denn Hunde denken so: wer mit der (vermeintlichen) Gefahr direkt konfrontiert ist, der muss sich auch darum kümmern. Also könnte es passieren, dass Bello versucht, diesen merkwürdigen Menschen zu verjagen und bellt ihn an. Haben Sie sowas schon mal mitbekommen? Sehen Sie, diese Situation ist Ihnen bekannt. Es wäre wesentlich besser, wenn Bello lernt: ich gehe auf der Seite, wo es für mich sicherer ist. Dann lernt er, solchen „Gefahren", die gar keine sind, auszuweichen und überlässt Ihnen die Verantwortung. Das Signal „Bei Fuß" üben Sie also besser auf beiden Seiten, wenn Sie es überhaupt benötigen. Das sture Bei-Fuß-Laufen, wie es nach wie vor stundenlang auf und ab auf vielen Hundeplätzen praktiziert wird, trägt definitiv nicht zur Alltagstauglichkeit Ihres Hundes bei.

Zudem gibt es viele Situationen, in denen ein Signal nicht sinnvoll ist. Sobald Sie versuchen, alles mit einem Kommando zu belegen, bringen Sie sich und ihn in eine äußerst komplizierte Situation: er wird dann immer von Ihnen erwarten, dass Sie ihm sagen, was jetzt gerade zu tun ist und wird unselbständig. Was aber macht er, wenn Sie das mal vergessen oder nicht da sind? Grundgehorsam bedeutet nicht nur, dass er bestimmte Signale beherrscht, sondern dass er von Ihnen gelernt hat, was Sie von ihm in schwierigen Momenten erwarten, z.B. gehe ohne Anweisung ruhig an einem Behinderten vorbei und wenn es notwendig ist, dann kannst auch die Seite wechseln oder einen großen Bogen um alles machen, was dich irgendwie beunruhigt.

Die folgenden Signale benötigen Sie ganz bestimmt im Alltag:
- Herankommen / mitkommen
- warte = Alltagsbleib
- auf die Seite gehen (ausweichen und warten)
- Beute abgeben = tauschen
- Auflösung der Ruhekommandos
- an- und ableinen

Außerdem muss Ihr Hund lernen, was zu tun ist, wenn Besuch kommt, dass er sich von Ihnen und idealerweise auch vom Tierarzt entspannt anfassen lässt und an lockerer Leine zu laufen, aber das bekommen Sie ganz ohne Kommando hin. Signale wie „sitz, platz, bei Fuß" kann man natürlich auch aufbauen. Bei freundlichem Training ohne Druck können das einfach Tricks für ihn sein, die sich manchmal auch nützlich einsetzen lassen. Wenn ein sehr jagdtriebiger Hund lernt, sich beim Anblick eines Rehs hinzusetzen, ist das natürlich großartig. Aber das ist Training für sehr Fortgeschrittene und nichts für Anfänger.

Beim Aufbau eines Signals müssen Sie vorab immer genau überlegen, ob es sich um ein Ruhe- oder ein Bewegungssignal handelt. Zur Erinnerung: Bei einem Ruhesignal soll Bello eine bestimmte Zeit in einer bestimmten

Position bleiben, z.B. wenn er am Straßenrand warten soll, bis die Ampel grün ist und Sie weitergehen können. Ein Bewegungssignal ist in dem Moment erledigt, wenn Bello es ausgeführt hat, z.B. wird er auf das Signal „weiter“ einfach mit Ihnen weitergehen. Wie das im Einzelnen abläuft, wird im Folgenden erklärt.

Es gibt ein paar Grundsätze, die Sie beim Einüben genau beachten müssen:
- ein Signal muss immer freundlich gesagt werden, das gilt vor allem und ganz besonders bei jungen Hunden. Wenn Sie Ihren kleinen Freund andonnern, dass er herkommen soll und zwar sofort, wird er sich tunlichst von Ihnen fernhalten, weil Sie auf ihn bedrohlich wirken. Selbst wenn er lernt, auf unfreundliches Gebrüll zu kommen, wird er das sicher nicht freudig tun.
- Sprechen Sie ihn immer erst mit seinem Namen an, dann weiß er, dass Sie ihn meinen. Allerdings sollte dann sofort die Anweisung folgen, die Sie ihm erteilen, sonst weiß er nicht, was er tun soll.
- Es reicht in den allermeisten Fällen vollkommen, wenn Sie ein Signal einmal (!) sagen. Ständige Wiederholungen, während er das Signal ausführt, bringen nichts und verwirren Bello nur.
- Sie üben nur dann mit ihm, wenn er sein Geschäft erledigt hat, ausgeruht und vergnügt ist und wenn Sie gut drauf sind. Wenn Sie schlechte Laune haben, können Sie nicht erwarten, dass Ihre Pelznase freudig mitmacht.

Dann müssen Sie sich gut überlegen, wo und wann Sie ein Signal aufbauen, einüben und verfestigen. Je mehr Trubel Bello um sich herum hat, um so schlechter kann er sich konzentrieren. Da geht es ihm nicht anders als Ihnen. Achten Sie also darauf, dass Sie anfangs mit so wenig wie möglich Ablenkung arbeiten, die Sie dann langsam steigern.

Wie wir gemeinsam die Signale aufbauen, können Sie auf den folgenden Seiten nachlesen. Mit TrainerIn geht vieles einfach schneller und Sie vermeiden unnötige Fehler. Falls Sie dieses Buch gekauft haben, aber nicht bei mir in der Hundeschule sind, suchen Sie sich bitte eine/n TrainerIn, die gewaltfrei und freundlich mit Ihnen und Bello den Grundgehorsam erarbeitet. Manche Signale werden in mehreren Schritten aufgebaut und es ist unbedingt notwendig, dass man jeden einzelnen Schritt gut und gründlich abarbeitet. Gehen Sie lieber langsamer vor, dann tut sich Bello leichter. Schließlich müssen auch Sie sich einarbeiten und jedes Signal gut vorbereitet mit ihm einüben. Und das geht nicht von heute auf morgen.

Erst wenn er die Signale richtig beherrscht, also frühestens in einigen Wochen – in manchen Fällen auch Monaten abhängig von Ihrem Hund und dem Schwierigkeitsgrad, können Sie aufhören ihm jedes Mal ein Leckerchen zur Belohnung zu geben. Aber auch dann geben Sie ihm nicht mehr ab sofort keines mehr, sondern Sie belohnen dann besonders gute Ausführungen. Das nennt man „variable Belohnung" und es ist sehr wirksam. Bello muss sich überlegen, wann und was Sie besonders belohnen und strengt sich an, das herauszufinden. So wie Sie vielleicht versuchen, nach System Lotto zu spielen und auf den Jackpot hoffen. Loben müssen Sie ihn immer, immer, immer. Und einen Jackpot sollten Sie auch einführen: für besonders gute und / oder schwere Ausführungen gibt es etwas besonders Gutes und / oder besonders viel. Insofern hat Bello mit dem Jackpot vermutlich mehr Glück als Sie.

Manche Menschen fühlen sich als reinste Hundeflüsterer, wenn ein Hund sich auf ihr Signal hinsetzt oder legt. Bitte achten Sie darauf, dass Bekannte, auch wenn sie es noch so nett meinen, Ihren Hund nicht ständig mit der Ausführung irgendwelcher Signale nerven. Zum einen kann es passieren, dass er dadurch lernt: ich muss nur mein Programm abspulen, dann bekomme ich ein Leckerchen. Zum anderen kann er die Freude an den Gehorsamsübungen verlieren. Und außerdem ist Ihr Hund nicht dazu da, dass andere ihn herumkommandieren.

Es kommt immer mal vor, dass ein Hund ein Signal nicht ausführt, und Sie wissen einfach nicht warum. Wenn Sie ihn genau beobachten, stellen Sie fest, dass er zögerlich wird, Ihnen evtl. beim Herankommen ausweicht, anfängt am Boden zu schnüffeln. Überhaupt macht er Sachen, die Ihrer Meinung nach mit der Situation nichts zu tun haben. Wenn Sie das Buch „Beschwichtigungssignale" von Turid Rugaas gelesen haben, das ich allen meinen Kunden dringend empfehle, wissen Sie, dass er beschwichtigt. Überlegen Sie bitte genau, warum er das tut und stellen Sie den Grund dafür ab. Ein Grund kann sein, dass Sie etwas fordern, das er nicht kennt, dass er sich bedroht fühlt, müde ist, zu viele Anforderungen in eine Übung integriert sind ... Wenn ein Hund Beschwichtigungssignale zeigt, ist das kein Grund ihn in Watte zu packen, aber reagieren müssen Sie. Wenn Sie seine Signale ignorieren, wird er nur lernen, dass Sie auf ihn keine Rücksicht nehmen. Entsprechend wird er, wenn er Sie auf Dauer damit nicht erreicht, andere Dinge tun, die wesentlich unerfreulicher sind – besonders für Sie. Er könnte z.B. versuchen, Hunde, die er bedrohlich findet, zu verjagen, wenn Sie ihm nicht zeigen, dass er einfach mit einem kleinen Bogen vorbei gehen kann. Reagieren Sie aber richtig, dann wird er sich auf Sie verlassen, weil Sie ihm helfen. Zusätzlich lernt er mit Ihnen gemeinsam, schwierige Situationen zu meistern.

In vielen Hundebüchern lesen Sie, dass es absolut notwendig ist, einem Hund sofort ein sicheres Abbruchsignal beizubringen. Meistens wird empfohlen das Wort „nein" zu verwenden. Abbruchsignale sind sicher oft wichtig und nützlich, aber das Erlernen eines solchen Signals sollte bei einem jungen Hund, bzw. bei einem Hund, der erst kurz bei Ihnen lebt, nicht erste Priorität haben. Nachdem Sie die ersten Monate es immer mit „nein" versucht haben, werden Sie feststellen, dass die Wirkung sehr schnell nachlässt und Ihr junger Freund mittlerweile überhaupt nicht mehr darauf reagiert. Falls Sie noch kein Abbruchsignal haben: Sie können sicher sein, wenn Ihr Kleiner einen absoluten Blödsinn vorhat, z.B. möchte er das Bügeleisen vom Tisch ziehen und Sie stürzen mit einem Entsetzensschrei hin, dann wird er sich schnellstmöglich vom Acker machen, weil er sich erschreckt. Besser ist es allerdings, Sie vermeiden, dass er allein mit dem Bügeleisen bleibt.

Das Wort „nein" halte ich zudem für nicht besonders geeignet. Sie sagen es jeden Tag bei vielen verschiedenen Gelegenheiten, z.B. „Nein, wer hätte das gedacht" oder „nein, was soll das denn" oder „nein, ich will heute keine Bratkartoffeln". Entweder Ihr Hund ist so sensibel, dass er jedes Mal erschrickt und sich irgendwann nichts mehr traut, oder er lernt, dass es eigentlich häufig nicht gilt, dann gilt es aber auch nicht, wenn es drauf ankommt. Außerdem ist für Hunde dieses „nein", das dann oft noch in die Länge gezogen und hinten höher wird (neeeeiiiin), nicht erkennbar als: „hör auf mit dem, was du tust", da es viel zu freundlich ist. Ein Abbruchsignal muss dem Hund deutlich sagen, dass er das, was er gerade tut, lassen soll, und zwar sofort, nicht erst in einer halben Stunde. Hohe und weiche Töne bestätigen den Hund aber in dem, was er tut. Wenn Sie mal eine Ansage machen müssen, weil Ihr Vierbeiner rumtrödelt und er soll jetzt dringend zu Ihnen kommen und Sie haben das Signal schon 2-3 mal freundlich gesagt, dann sprechen Sie ihn einfach etwas lauter an, ungefähr so: „Was ist jetzt? Wird's bald!" Wenn er Sie dann ansieht, nehmen Sie sofort den Druck aus der Stimme und wiederholen das Signal freundlich.

Deshalb empfehle ich, bei Abbruchsignalen variabel zu arbeiten. In der Regel braucht man es für Welpen nicht, bei Junghunden kann es schon eher mal angesagt sein. Aber egal wie alt der Hund ist, man sollte so sparsam wie möglich damit umgehen und immer nach freundlichen Alternativen suchen. Man kann sich einfach ein paar Ansagen überlegen, die einem leicht von der Zunge gehen und mit denen man steigerungsfähig bleibt. Bei mir ist die Steigerung:

1. „Bello, benimm dich"
2. „Bello, lass das"
3. „Bello, es reicht"
4. Ein durchdringender Schrei, der die Bäume neben unserem Forsthaus erzittern lässt: „Hey!"

Dabei ist wichtig, dass Sie jede Steigerung auch mit einem gewissen Nachdruck sagen, also lauter und unfreundlicher werden, aber eben angemessen der Situation. Abbruchsignale sollen nicht ständig wahllos dem Hund um die Ohren dröhnen. Beobachten Sie sich deshalb gut: falls Sie feststellen, dass Sie dauerhaft öfter als 1x wöchentlich Ihrem Hund etwas verbieten müssen, wählen Sie vielleicht doch lieber meine bevorzugte Variante: sagen Sie Ihrem Hund, was er tun soll, nicht was er nicht tun soll. Also nicht: Bello, zieh nicht, sondern: Bello, geh langsam. Findet auch Ihr Hund besser.

Vielleicht haben Sie Glück und die Pubertät hat Ihre Pelznase noch nicht erwischt, aber keine Bange, auch Ihr Freund wird bald soweit sein. In dieser Zeit hat man manchmal das Gefühl, Bello hat noch nie die leiseste Ahnung gehabt, was Gehorsam ist. Erinnert Sie das an etwas? Vielleicht an Ihre Kinder oder an Ihre eigene Sturm- und Drangzeit? Ihr Vorteil gegenüber menschlichen Eltern ist: bei Hunden geht es schneller vorüber. In dieser Zeit profitieren Sie zwar einerseits, wenn Sie vorher konsequent waren, aber immer wieder wird es passieren, dass er „irgendwie nicht recht weiß", was Sie wollen. Dann gibt es nur eins: Ansprüche herunter schrauben, konsequent und klar sein und immer dran denken: er hat jetzt ein Schild umhängen auf dem steht: Wegen Umbau vorübergehend geschlossen.

Bitte vergessen Sie auch nicht die Fremdelphasen. Zu diesen Zeit sind unsere vierbeinigen Freunde mit anderen Dingen beschäftigt als mit perfektem Herankommen mit Vorsitzen oder ähnlichen Späßchen. Auch diese Zeit geht vorüber und wenn Sie ihn diese wenigen Wochen in seinem Leben mit Verständnis und Freundlichkeit begleitet haben, wird er um so lieber mit ihnen zusammen sein.

2.2. Die Grundsignale und wichtigsten Übungen

2.2.1. Übungen für den Alltag

Anfassen lassen – Der Besuch beim Tierarzt

Jeder Hund wird mal krank, muss geimpft werden, man muss ihn ein bisschen genauer untersuchen, kurz und gut: er muss lernen, dass Sie und der Tierarzt an ihm „rumfummeln" dürfen. Für Hunde ist das ein großes Problem, wenn sie das nicht ordentlich lernen. Sollten Sie dieses „Anfassen lassen" nicht schon mit ihm geübt haben, dann holen Sie das bitte jetzt nach. Sie brauchen dazu viel Geduld, aber es ist unumgänglich, da es lebensrettend für Bello sein kann. Machen Sie dazu mit ihm folgende Übung, die Sie auf alle Fälle mindestens jeden zweiten Tag durchführen. Alle, die mit ihm zu tun haben, sollten sie ebenfalls ab und zu machen:

Wenn Bello ein bisschen müde und kuschelig ist, legen Sie sich mit ihm auf den Boden und knuddeln ihn mit System durch. Dabei erzählen Sie ihm ganz freundlich, was Sie gerade machen. Sie fangen am Köpfchen an und untersuchen der Reihe nach die Äuglein, das Näschen, das Mäulchen und die Öhrchen. Machen Sie das ganz sanft und lieb, also nur ein bisschen mit dem Finger die Zähnchen abtasten, die Ohren massieren, die Äuglein sanft streicheln. Machen Sie das so, wie Sie es selber gerne hätten. Dann gehen Sie weiter zu den Achseln, den Vorderpfötchen, dem Bäuchlein, bei den Rüden zum Pimmelchen, den Schenkelinnenseiten, den Hinterpfötchen, dem Popo und der Rute. Erzählen Sie ihm ganz ruhig und freundlich, was Sie gerade untersuchen, dass das eine ganz feine Sache ist. Manche Hunde wehren sich dagegen, dann waren Sie vermutlich zu grob oder zu hektisch. Sehen Sie zu, dass er durch Streicheln ruhig und entspannt bleibt, indem Sie von ganz vorne bis ganz hinten ruhig und sanft durchstreicheln. Drücken und halten Sie ihn nicht, damit er sich nicht bedrängt fühlt. Wenn Sie es richtig machen, wird er sich ganz zufrieden an Sie kuscheln und es einfach genießen.

Ihr Tierarzt wird Ihnen einen roten Teppich ausrollen, wenn Sie mit einem Hund zu ihm kommen, der damit kein Problem hat. Ein guter Tierarzt bemüht sich, das Vertrauen und die Freundschaft Ihres kleinen Freundes zu gewinnen. Dabei können Sie ihm mit der oben beschriebenen Übung helfen.

Damit er lernt, dass es nicht schlimm ist, auf einem Tisch untersucht zu werden, können Sie ihn – wenn er sich schon entspannt untersuchen lässt – auf einen niedrigen Tisch springen lassen, evtl. geht ein Hocker. Der Tisch muss stabil sein und sicher stehen, damit er nicht umfallen kann. Am Anfang sollte das nicht zu hoch sein, damit Bello von selber hochkommt. Wenn er nur mit dem Vorderpfoten hochgeht, kein Thema: loben, Leckerchen, fertig. Beim nächsten Mal platzieren Sie die Leckerchen so auf dem Tisch, dass Bello richtig klettern muss, vielleicht lässt er sich dann auch bewegen, ganz raufzugehen. Wenn Sie ihn hochheben möchten, machen Sie das bitte so, dass er damit einverstanden ist. Wenn er sich beim Hochheben wehrt, werden Sie lebenslang die größten Probleme haben, wenn er beim Tierarzt auf den Tisch muss. Lassen Sie sich also Zeit, es zahlt sich aus.

Rückwärtsgehen – Stehenbleiben

Eine der einfachsten und elegantesten Möglichkeiten, einen Hund unauffällig zu sich zu holen, ist das langsame Rückwärtsgehen. Einer der wichtigsten Gründe, warum das funktioniert, ist: keiner kann etwas falsch machen – weder Sie noch Bello. Sie bauen keinen Druck auf und das macht es Ihrem Freund leicht, darauf zu reagieren.

Üben Sie es folgendermaßen ein:

Sie stehen wenige Meter von Ihrem Hund entfernt mit Blickrichtung zum Hund. Ohne etwas zu sagen, gehen Sie wenige, kleine, langsame Schritte von ihm weg. Sowie er Sie nur ansieht, loben Sie ihn ruhig und freundlich, wenn er zu Ihnen kommt, bekommt er zusätzlich ein Leckerchen. Was passiert, wenn er nicht kommt? Gar nichts. Sie haben keine Anweisung gegeben, also muss er auch nichts befolgen. Je weniger Druck Sie machen, also je weniger Sie erwarten, dass er kommt, umso leichter klappt das auch.

Warum ist das so? Durch Ihre Bewegung von ihm weg, will er einfach mal nachsehen, was Sie da machen, also kommt er zu Ihnen. Wenn Sie ihn dann auch noch freundlich loben und belohnen, wird er sich angewöhnen, zumindest Blickkontakt mit Ihnen aufzunehmen, in der Regel aber wird er kommen, sobald Sie sich ein wenig wegbewegen.

Ebenso einfach ist es stehen zu bleiben, um Bello zum Herankommen zu bewegen. Auch hier ist es kein Fehler, wenn er nicht kommt, aber er wird gelobt und belohnt, wenn er kommt. Beides üben Sie im Freilauf und an einer langen Leine, die mindestens 3 Meter lang sein muss. Natürlich darf die Leine nicht gespannt werden. An der Leine müssen Sie immer darauf achten, dass Sie niemals Spannung auf die Leine bringen, daran ziehen oder gar rucken. Lassen Sie die Leine einfach mit minimalem Druck durch die Finger gleiten, so dass er merkt, da hinten tut sich was. Aber niemals dürfen Sie über die Leine Druck ausüben.

Eine Steigerung kann sein, dass Sie ihn mit einer einfachen Handbewegung hinter sich bringen. Sie locken ihn einfach mit dem Leckerchen hinter Ihren Rücken. Gerade unsichere Hunde verstehen sehr schnell, dass sie so Sicherheit suchen und die Verantwortung an Sie abgeben können. Eine sehr gute und nachhaltige Belohnung ist in diesem Fall, dass Sie ihm das erste Leckerchen direkt geben und zusätzlich noch einige auf den Boden streuen. Selber suchen macht noch mehr Spaß.

Wozu sollen diese Übungen gut sein? Es gibt viele Situationen, in denen sich Hunde bedrängt oder sogar bedroht fühlen. Wenn Sie jetzt einige wenige Schritte weggehen und Bello gelernt hat mitzukommen, hat das folgende Effekte:

- er wendet sich Ihnen zu und fixiert nicht mehr die vermeintliche Gefahr
- er lernt, aus schwierigen Situationen rauszugehen und nicht nach vorne abzuwehren
- er lernt, dass Sie immer einer defensive Lösung finden
- automatisch bringen Sie mehr Distanz zwischen ihn und sein Problem und es ist erstaunlich, was ein paar Schritte ausmachen können
- Sie können ganz entspannt austesten, wie viel – oder wie wenig – Abstand er braucht. Ebenso entspannt können Sie diese Distanz ganz allmählich verkürzen.

2.2.2. Bewegungssignale

Bewegungssignale sind in dem Moment beendet, wenn der Hund sie ausgeführt hat und müssen nicht aufgelöst werden. Das ist wichtig, weil sonst weder Sie noch ihr kleiner Freund den Unterschied kennen und häufig aus allem und jedem ein Ruhesignal gemacht wird. Das ist aber nicht notwendig. Noch dazu werden Sie beide davon abhängig, dass alles und jedes „kommandiert" wird. Weil niemand das garantiert zu 100% durchhält, werden Sie unzuverlässig und damit Bello auch. Und denken Sie bitte daran: vor dem Signal kommt immer der Name, damit er auch weiß, wer gemeint ist.

Eine wichtige und notwendige Unterscheidung: Mitkommen oder Herankommen?

Stellen Sie sich vor, Ihr Bello läuft frei, weil er sehr gut erzogen ist, und Sie gehen mit ihm eine Straße entlang, an der einige Gehöfte stehen. Bei einem oder zwei der Grundstücke steht das Tor offen. Vermutlich möchte er gerne mal nachsehen, was es hier interessantes zu entdecken gibt. Die meisten Menschen reagieren zuerst gar nicht, weil sie nicht sehen, was ihr Hund vorhat. Sowie er aber durch das offene Tor läuft, fällt ihnen auf, dass was schief läuft. Es gibt verschiedene Variationen der Reaktion, die ungefähr so aussehen, aber alle nicht wirklich funktionieren:

1. Sie rufen Ihren Hund zu sich, der in der Regel nicht kommt.
2. Sie rufen laut: „Nein, da gehst du jetzt nicht rein!", oder „komm raus da!" aber Bello läuft immer weiter und reagiert nicht.
3. Sie laufen hinter ihm her um ihn zu fangen und er rennt immer schneller in das Grundstück hinein.
4. Eine Kombination aus den ersten 3 Möglichkeiten ist zwar für Passanten lustig anzusehen, aber mit Sicherheit genauso wirkungslos.

Dazu muss man wissen, dass es für Hunde eine Selbstverständlichkeit ist, in Gruppen unterwegs zu sein, dabei über Blickkontakt und Körpersprache zu kommunizieren und auch zusammen zu bleiben. Zusammenbleiben bedeutet aber, dass man auch in einiger Entfernung mitkommen kann, weil der Partner einem klar und deutlich anzeigt, welche Richtung einschlagen wird, oder weil man selber mal einen Vorschlag macht, der angenommen wird oder auch nicht.

Wenn wir die drei ersten Variationen untersuchen, warum sie nicht das gewünschte Ergebnis zeigen, stellen wir fest, dass unser Bello sie gar nicht verstehen kann.

1. Sie wollen nicht, dass Ihr Hund zu Ihnen kommt, Sie möchten nur, dass er nicht in das fremde Grundstück läuft. Bello merkt, dass es Ihnen gar nicht ernst ist und kommt nicht. Und so machen Sie auch noch Ihr Abrufkommando wirkungslos, da Sie es wahllos verwenden und nicht ernst meinen.
2. Sie haben viel zu spät reagiert, bzw. ihm gar nicht vorgegeben, was er tun soll. Sie korrigieren ihn erst, nachdem er – Ihrer Meinung nach – einen Fehler gemacht hat. Er versteht gar nicht, was Sie wollen und reagiert deshalb nicht. Zudem geben Sie ihm eine widersinnige Anwei-

sung „nein, du gehst da nicht rein", genau das tut er aber gerade.

3. Wenn Sie ihm nachlaufen, versteht er nur, dass Sie auch an der Erkundung des fremden Grundstücks interessiert sind. Ihren Ärger kann er dann erst recht nicht verstehen.

Stellen Sie sich vor, Sie würden immer Anweisungen bekommen, die widersinnig oder unverständlich sind: irgendwann hören Sie auf, diese Anweisungen zu befolgen.

Deshalb ist es sinnvoll, zwischen „Mitkommen" und „Herankommen" zu unterscheiden und einem Hund das auch genau so beizubringen. „Mitkommen" bedeutet: gehe mit mir in die von mir vorgegebene Richtung mit, egal wie weit du von mir entfernt bist. „Herankommen" bedeutet: komm zu mir her und bleibe einen Moment in meiner Nähe, damit ich dich z.B. anleinen kann. Das hört sich im ersten Moment kompliziert an, ist es aber nicht.

Nehmen wir wieder unser Beispiel oben: Sie sehen schon aus einiger Entfernung, dass dieses Hoftor offen steht. Also gehen Sie so weit wie möglich entfernt auf der anderen Straßenseite vorbei. So versteht Bello, dass Sie nicht an diesem Grundstück interessiert sind. Da Sie Ihren Hund gut beobachten, sehen Sie, dass er seinen Kopf in Richtung Tor dreht oder in diese Richtung läuft. In dem Moment sagen Sie „Bello, wir gehen weiter" oder „Bello, hier gehts weiter" und zeigen deutlich in die Richtung, in die Sie gehen möchten. Und – Überraschung! – Bello kommt mit. Falls Sie aber entdecken, dass in dem Grundstück z.B. Katzen sind, die Bello zum Fressen gern hat, dann rufen Sie ihn rechtzeitig ab, z.B. mit „Bello, komm an die Leine", loben und belohnen ihn, wenn er kommt, und leinen ihn an. Mit diesen beiden Varianten liegen Sie immer richtig und können nichts falsch machen. Und im folgenden können Sie nachlesen, wie Sie das aufbauen.

Ein weiterer wichtiger Punkt ist, dass ein Hund vielfach in ganz bestimmten Situationen gerufen wird. Wenn er wie im obigen Beispiel irgendwo hinrennt, wo er nicht hin soll, oder wenn er zu weit weg ist, oder es gefährlich werden könnte ... Falls Sie das ganz konsequent genauso handhaben, bekommen Sie einen Hund, der sich gut überlegt, warum Sie ihn diesmal abrufen: aha, da vorne kommt ein Hund, nix wie hin. Oder er lernt, dass er sich erstmal fünfzig Meter entfernen muss, darunter gilt das Rückrufsignal nicht. Was ist aber, wenn er mal näher dran ist, etwa zehn Meter, und Sie möchten ihn dringend abrufen? Er wird nicht kommen, weil er es nur ab fünfzig Metern gelernt. Nein, Hunde haben kein Maßband dabei, aber sie sind durchaus in der Lage Entfernungen abzuschätzen.

Bauen Sie deshalb alles Signale zum Rückruf oder zum Mitkommen sehr sorgfältig auf. Sicherheit und Zuverlässigkeit in diesem Bereichen erleichtern das Zusammenleben mit Hunden für beide Seiten enorm.

Schau mal her – Das einfache Herankommen

Das einfache Abrufen benötigen Sie in vielen Situationen jeden Tag und Sie können es sofort im Alltag anwenden.

Schau mal her

- Die üblichen Signale zum Herankommen sind „komm" oder „hier". Beide Wörter eignen sich aber nicht gut, weil sie im Alltag häufig vorkommen („komm" „kommt" häufig vor!) oder durch einen eher schrillen Tonfall (hiiiiiier!) für den Hund oft eher wie ein Alarmzeichen wirken. „Schau mal her" sagen Sie vermutlich nie und es lässt sich sehr schön singen. Wenn Sie unbedingt „komm" verwenden möchten, dann sagen Sie lieber „komm zu mir" oder etwas ähnliches, das für Bello unverwechselbar wird und freundlich klingt.
- Am Anfang rufen Sie ihn nur, wenn Sie sicher sind, dass Bello kommt. Rufen Sie ihn nicht, wenn er abgelenkt ist. Er wird nicht kommen, aber Ihr Signal hört er sehr wohl und wird es als unwichtig einstufen, weil er nicht richtig gelernt hat, was es bedeutet.

- Arbeiten Sie zu Beginn immer mit Hör- **und** Sichtzeichen. Nach ca. 1 Woche fangen Sie an, ihn mal nur mit Hörzeichen, nur mit Sichtzeichen und mal mit der Kombination zu rufen. So lernt Bello, dass jedes Signal auch allein gilt. Das ist sehr praktisch, wenn er sie mal nicht sieht oder hört.
- Beim einfachen Abrufen soll Bello zu Ihnen kommen und Kontakt mit Ihnen aufnehmen, d.h. er soll tatsächlich bei Ihnen ankommen, sich sein Leckerchen abholen und auch einen Moment bei Ihnen bleiben.

Hörzeichen: „Bello, schau mal her!"
Sichtzeichen: strecken Sie Ihre flache Hand mit dem Leckerchen seitlich nach unten und bewegen sich einige kleine Schritte rückwärts von ihm weg. Bello reagiert auf diese Hand sofort, da Sie sich nicht über ihn beugen (das mögen Hunde nicht!) und er kann die leicht vom Körper abstehende Hand gut sehen. Bei dieser Rückwärtsbewegung wirken Sie locker und das motiviert ihn ebenfalls zu Ihnen zu kommen. Zusätzlich lernt Ihr Hund, dieser Hand zu folgen, Sie können ihn z.B. von einem Platz wegholen, wo er gerade ungünstig liegt.

Und so üben Sie es ein:

Das ist eine gute Übung, die alle mögen und die Sie immer mal wieder mit ihm machen können:
Sie nehmen in jede Hand 2-3 Leckerchen, er steht bei Ihnen in der Nähe. Sie machen eine kleine Rückwärtsbewegung und sprechen ihn an: „Bello, schau mal her" und strecken eine Hand mit Leckerchen seitlich nach unten. Sowie er sich nur ansatzweise in Ihre Richtung bewegt, loben Sie ihn, wenn er bei Ihnen angekommen ist, bleiben Sie stehen und geben ihm sein Leckerchen. Dann kommt die andere Seite dran. Das machen Sie auf jeder Seite 2-3 Mal, und jedes Mal erzählen Sie ihm, dass er das richtig gut gemacht hat. Wenn die Übung beendet ist, bleiben Sie noch ein bisschen stehen und erzählen ihm, dass das jetzt einfach nur großartig war. Automatisch lernt er so, dass Sichtzeichen auf beiden Seiten gelten und dass die Entfernung egal ist: auch wenn er nur wenige Meter neben Ihnen steht, gilt dieses Signal. Denken Sie daran, das Sichtzeichen auf beiden Seiten zu üben. Manche Hunde lernen ganz schnell, dass etwas nur auf einer Seite gilt und das ist äußerst unpraktisch.

Diese Übung hat ein paar sehr erfreuliche Nebeneffekte. Nicht nur, dass Bello ganz einfach Hör- und Sichtzeichen lernt, er kommt Ihnen vollkommen unaufgeregt hinterher und findet es schön, ganz entspannt so nahe bei Ihnen zu sein. Sie können sehr leise mit ihm sprechen, das mögen Hunde auch sehr gerne. Er nimmt nach jeder Übungseinheit mit Ihnen Blickkontakt auf, weil er wissen möchte, wie es weitergeht und zur Belohnung kommt die nächste Einheit.

Wo und wann können Sie dieses Signal anwenden?
- Immer, auch wenn Bello in Haus und Garten zu Ihnen kommen soll.
- Wenn Sie etwas sehr Aufregendes sehen und ihn zu sich holen wollen, ohne ihn darauf aufmerksam zu machen.
- Wenn Sie möchten, dass er einen Moment Kontakt mit Ihnen aufnimmt.
- Wenn Sie eine kleine Übung mit ihm machen möchten. Bitte beachten Sie aber, dass es sich um ein Signal und nicht um eine Spielaufforderung handelt. Ihr Hund sollte das Signal also erst exakt ausführen, dann spielen oder üben Sie mit ihm.
- Und denken Sie bitte daran: auch wenn es Ihnen total Spaß macht, sobald Ihr Hund freudig zu Ihnen gerannt kommt: 20 Mal abrufen in 30 Minuten nervt auch den gehorsamsten Hund, also schikanieren Sie ihn nicht damit.

Das Zauberwort

Für Notfälle sollte man ein Zauberwort parat haben, das tatsächlich zu 99% funktioniert. Suchen Sie sich ein Wort aus, mit dem Sie etwas richtig Nettes verbinden und bei dem Sie sicher sind, dass Bello es auch gut und lustig findet. So ein Zauberwort kann sein „juhu", „jipee", „kuckst du" oder etwas ähnliches, das Sie laut und fröhlich raustrompeten, wenn Bello sich auf den Weg macht, eine Katze, ein Reh oder einen Jogger zu jagen. Alternativ können Sie auch eine Hundepfeife verwenden. Ideal sind Horn- oder Holzpfeifen. Die sog. „lautlosen" sind nicht gut geeignet, weil sie manchen Hunden in den Ohren weh tun. Ziel ist: er dreht auf dem Absatz um und kommt zurück.

Und so üben Sie es ein:

Ihre Pelznase steht in Ihrer Nähe, Sie lassen für ihn gut sichtbar vier, fünf feine Leckerchen neben sich fallen und sagen freundlich Ihr Zauberwort. Bello wird sofort zu Ihnen kommen und die Leckerchen aufsammeln.

Dabei loben Sie ihn ausführlich und begeistert. Das wiederholen Sie ein paar Tage in verschiedenen Variationen.

Ganz allmählich ist Bello weiter weg und Sie rufen fröhlich und vergnügt Ihr Zauberwort. Das kann zunehmend auch dann sein, wenn er gar nicht hersieht. Sobald er sich Ihnen zuwendet, werfen Sie die Leckerchen im großen Bogen hinter sich weg. Je schneller er kommt, um so begeisterter sind Sie. Das können Sie sowohl an der Schleppleine als auch im Freilauf üben.

Für die erste Ablenkung suchen Sie sich etwas aus, das in einer vernünftigen Entfernung stattfindet, das kann beispielsweise ein Fahrradweg sein, von dem Sie so weit entfernt sind, dass Bello zwar interessiert ist, aber nicht gleich durchstartet. Bei Wild können Sie an ein Wildgehege fahren. Zusätzlich sichern Sie ihn mit einer langen Leine ab. Jetzt nehmen Sie auch die absoluten Superleckerchen, für die er einen Handstandüberschlag macht.

Steigen Sie ganz langsam die Ablenkung, damit Sie im günstigsten Fall tatsächlich nahe an die 100% kommen. Je schwieriger die Situation für ihn ist, umso begeisterter muss Ihr Jubel sein, wenn er zu Ihnen kommt. Üben Sie es immer mal wieder ohne Ernstbezug, auch wenn er schon richtig gut kann, aber üben Sie es nicht zu oft. Es soll ein wunderschönes Spiel sein, das nur Sie beide spielen können. Und es kann ein richtiges Highlight beim Spaziergang sein – auch ohne Jogger.

„Bello, weiter"

Das Signal **„weiter"** benötigen Sie, wenn Bello z.B. mit anderen Hunden spielt, irgendwo rumtrödelt und Sie möchten weitergehen, oder wenn Sie ihm klar machen möchten, dass die bisherige Richtung stimmt und er mit Ihnen "weiter"gehen und nicht irgend woanders hinrennen soll.

- „Weiter" ist das leichteste Signal, das ein Hund ausführen kann, deshalb eignet es sich besonders gut, wenn Sie Ihren Hund in schwierigen Situationen mitnehmen möchten. Es gehört zu den Signalen, die viele Menschen einfach so sagen und viele Hunde lernen es auch im Alltag. Wenn Sie es bewusst einführen und aufbauen, beherrschen Sie und Bello es auch in komplizierten Situationen besser.
- Es ist leichter, einen Hund aus einer spannenden Situation mit „weiter"

herauszuholen, als ihn jedes Mal abzurufen und anzuleinen.

- Gehen Sie tatsächlich weiter, wenn Sie es ihm sagen, sonst nimmt er dieses Signal nicht mehr ernst oder versteht nicht, was Sie von ihm wollen.
- Bleiben Sie bitte nicht stehen, wenn Sie es einüben. Ihr Hund versteht, was Sie von ihm wollen, dadurch, dass Sie tatsächlich weitergehen.

Hörzeichen: „Bello, weiter" oder „Bello, wir gehen weiter" oder „Bello, weitergehen"
Sichtzeichen: eine mitnehmende Armbewegung in die Richtung, in die Sie gehen wollen.

Und so üben Sie es ein:

Sie gehen mit Ihrem Hund spazieren, Bello läuft mit Ihnen mit und Sie bleiben kurz stehen. Bello wird auch stehenbleiben, Sie gehen weiter und sagen zu ihm: „Bello, weiter".Er kommt automatisch mit und Sie loben ihn dafür. Wenn er zu Ihnen kommt, können Sie ihm ein Leckerchen geben, das muss aber nicht sein, denn Bello muss nicht unbedingt jedes Mal zu Ihnen herkommen. Er soll nur mit Ihnen weitergehen. Wenn Sie ihm immer ein Leckerchen geben, machen Sie ein Abrufkommando draus und das wollen wir nicht.

Wo und wann können Sie dieses Signal anwenden?

- In schwierigen Situationen können Sie Bello eine Alternative zu unerwünschtem Verhalten anbieten: anstatt den Hund hinter dem Zaun anzupöbeln, weichen wir aus und gehen „weiter".
- Falls Sie mit Ihrem Hund Fährte oder Mantrailing machen möchten, benötigen Sie dieses Signal, um ihm zu sagen, wenn er weitersuchen soll, z.B. nachdem er in der Sucharbeit eine kurze Pause machen musste, weil wir die Fährte verloren haben. Oder Sie möchten, dass er auf der Fährte an einer Ablenkung ruhig vorbei sucht.
- Beim Antijagdtraining ist es ein außerordentlich wichtiger Hinweis, dass wir auf dem Weg bleiben und nicht in jeden Wildwechsel hineinrennen.
- Der größte Vorteil dieses Signals ist, dass Sie es sofort einsetzen können. Allerdings sollten Sie gut aufpassen, dass Sie nicht jedesmal „weiter" sagen, wenn Bello mal was ansehen oder irgendwo schnüffeln möchte. Dafür braucht er Zeit und Ruhe, so wie Sie auch in Ruhe mal eine Schlagzeile am Kiosk lesen oder ein Schaufenster ansehen möchten.

Denn dieses Signal ist nicht dazu gedacht, dass Sie schneller voran kommen. Inflationäre Verwendung bewirkt nur, dass er keine große Lust hat, mit Ihnen mitzukommen. Dazu kommt, dass manche Hunde gerne mal unbekannte Situationen, Passanten oder Tiere genau beobachten möchten, ehe sie sich versichert haben, dass alles harmlos ist. Alle Hunde, die für jede Form des Bewachens und Aufpassens gezüchtet wurden und werden, müssen ihre Umgebung sehr genau einscannen, um den Unterschied zwischen „gefährlich" und „ungefährlich" zu lernen. Im Grunde hat jeder Hund das Bedürfnis, seine Umgebung zu kontrollieren. Das müssen Sie unbedingt zulassen, Sie dürfen ihn hier nicht mit „weiter" unter Druck setzen.

Bello, wir gehen hier lang

Das Signal **„wir gehen hier lang"** benötigen Sie, immer wenn Sie die Richtung wechseln, so dass er mit Ihnen mitkommt – egal in welcher Entfernung.

- Bei diesem Signal muss Ihr Hund nicht unbedingt zu Ihnen kommen, es reicht vollständig, wenn er in die angegebene Richtung mitgeht.
- Dieses Signal wird so wie „weiter" von vielen Menschen unbewusst angewendet. Für Ihren Hund ist es aber leichter verständlich, wenn Sie es richtig mit ihm aufbauen.
- Dieses Signal benutze ich zum Aufbau der Leinenführigkeit, und zwar üben wir es mit und ohne Leine ein. Im Unterschied zu „weiter" verwende ich es, um meinem Hund eine Richtungsänderung anzukündigen. „Weiter" bedeutet: wir gehen in die bereits eingeschlagene Richtung weiter. Falls Ihnen das zu umständlich ist, können Sie aber durchaus für beides „weiter" oder „hier lang" verwenden.

Hörzeichen: „Bello, wir gehen hier lang!"
Sichtzeichen: in die gewünschte Richtung zeigen, gehen und sehen

Und so üben Sie es ein:

Sie gehen mit dem unangeleinten Hund oder mit einem Hund an langer Leine (mind. 3 Meter) spazieren. Nehmen Sie mit ihm Blickkontakt auf und sprechen ihn an, wenn Sie die Richtung wechseln. Wenn Bello mitkommt, loben Sie ihn sehr. Wenn diese Übung gut klappt, suchen Sie sich ein Gelände, in dem Hindernisse rumstehen, z.B. Bäume, Parkbänke, Holzstapel ... Sie gehen mit dem Hund darauf zu und biegen rechtzeitig ab mit dem Signal „Bello, wir gehen hier lang". Loben Sie ihn sofort, wenn er mitkommt. Wenn Sie beide diese Übung beherrschen, fangen Sie an, beweglichen „Hindernissen" auszuweichen, Spaziergängern, Radfahrern, Autos ... Sie steigern die Schwierigkeit langsam. Aber Sie sollten auf alle Fälle sehr sorgfältig alle möglichen „Gefahren" üben, so dass Bello lernt: wenn etwas von vorne kommt, dann schau ich Herrchen oder Frauchen an, die sagen mir dann, wo ich hingehen soll. Bei Übungen mit dem angeleinten Hund ist es sehr wichtig, dass die Leine lange genug ist. Sie müssen immer die Möglichkeit haben, zu reagieren, noch bevor er in der Leine hängt, so dass er Ihnen ohne Druck nachfolgen kann. Manche Hunde brauchen viel Platz, hier rate ich zu 5-Meter-Leinen.

Achtung: Gehen Sie immer, immer von Ihrem Hund weg und nicht auf ihn zu. Wenn er nahe bei Ihnen läuft, kann es sein, dass Sie ihm auf die Füße treten und er lieber viel Abstand zu Ihnen hält. Außerdem drücken Sie ihn auch dann von sich weg, wenn er weiter entfernt ist. Dann fangen Sie nämlich an, ihm nachzugehen. Es soll aber umgekehrt sein: Bello soll Ihnen nachfolgen.

Wo und wann können Sie dieses Signal anwenden?
- wenn am übernächsten Grundstück Bellos Erzfeind rumtobt und Sie möchten die Straßenseite wechseln
- wenn Bellos Erzfeind oder ein anderes provokatives Objekt, z.B. ein Jogger entgegenkommt und Sie möchten ausweichen
- wenn Ihr Hund in eine andere Richtung läuft als Sie möchten
- bei allen Richtungswechseln oder an Kreuzungen, wenn Bello nicht weiß, wo Sie lang gehen möchten.

„Wir gehen hier lang" ist eine wunderbare Anweisung, um einen Hund aus einer Situation herauszuholen. Jeder von uns kennt den keifenden, tobenden Köter, der in der Leine hängt, sich die Seele aus dem Leib schreit und Herrchen oder Frauchen hängt hilflos und / oder wütend hinten dran und versucht, den Hund wegzuzerren. Das macht mit Sicherheit keinen Spaß. Wenn Sie vorausschauend mit Ihrem Hund spazierengehen, ihm dieses Signal gut beigebracht haben und er freudig und gerne mit Ihnen mitgeht, werden Sie sehr schnell feststellen, dass er irgendwann regelrecht darauf wartet, dass Sie ihm aus unerfreulichen Situationen heraushelfen.

Außerdem wird er an jeder Kreuzung auf Sie warten, bis Sie ihm gesagt haben, wo Sie hingehen möchten. Ist das nicht praktisch?

An- und Ableinen

Das An- und Ableinen benötigen Sie täglich mehrfach. Vor allem das Signal „komm an die Leine" ist auch ein Signal zum Abrufen.

- Es ist nicht notwendig, dass Ihr Hund bei diesen Signalen sitzt. Wenn Sie darauf bestehen, kann Ihnen passieren, dass er sich aus irgendeinem Grund nicht hinsetzen möchte. Dann führen Sie sehr schnell eine völlig unnötige Diskussion über das Sitzen, dabei wollen Sie ihn nur an- oder ableinen. Also sorgen Sie dafür, dass er ruhig stehen bleibt.
- Bringen Sie ihm bei, dass er seitlich vor Ihnen steht. Viele Hunde mögen es nicht, wenn man sich über ihren Kopf beugt. Wenn er seitlich steht, ersparen Sie ihm das. Manche, besonders kleine Hunde drehen einem auch den Popo zu. Wenn Susi dabei ruhig steht bis sie angeleint ist, ist das völlig in Ordnung.
- „Ableinen" ist ein Ruhesignal und muss aufgelöst werden.
- „Anleinen" ist ein Bewegungssignal und muss nicht aufgelöst werden.

1. Anleinen

Hörzeichen: „Bello, anleinen!" oder „Bello, Leine" oder „Bello, komm an die Leine" und der Klick des Karabiners
Sichtzeichen: Sie heben die Leine am Karabiner hoch und zeigen sie Bello.

Und so üben Sie es ein:

Zum Einüben nehmen Sie 4 Leckerchen in die Hand. Warum ausgerechnet vier? Ganz einfach, es hat sich bewährt, das sind weder zu viele noch zu wenig, sondern genau die richtige Menge. Wenn Sie ihn erst heranrufen müssen, z.B. mit „schau mal her" benötigen Sie noch ein Leckerchen. Sie heben den Karabiner hoch, klicken einmal und geben Bello ein Leckerchen. Sie richten sich wieder auf und warten, bis er sein Leckerchen gegessen hat. Das wiederholen Sie noch 2x, beim 4. Klick sagen Sie „Bello, anleinen", hängen den Karabiner ein und geben ihm das letzte Leckerchen. Wenn er dieses Ritual beherrscht, dann geben Sie ihm nur noch ein Leckerchen, wenn Sie den Karabiner einhängen.

Sollte Bello – z.B. wenn er in die Pubertät kommt – vergessen haben, dass er ruhig stehen bleiben soll beim Anleinen, wiederholen Sie einfach 2-3 Mal die Übung mit den 4 Leckerchen.

2. Ableinen

Hörzeichen: „Bello, ableinen!"
Sichtzeichen: Sie bleiben stehen, aber bitte nicht so abrupt, dass Ihr Hund an der Leine gezerrt wird.

Und so üben Sie es ein:

Sie lösen den Karabiner und lösen das Signal auf. Achten Sie darauf, dass Bello wirklich erst Sie ansieht, so dass er nicht das Klicken des Karabiners mit „ich darf jetzt losdüsen" gleichsetzt. Beim Ableinen müssen Sie gut darauf achten, dass Sie ihn in die richtige Richtung schicken. Was ist die richtige Richtung? Ganz einfach: die, in der er keinen Unfug machen kann, also z.B. entgegengesetzt zu dem Radfahrer, der Sie gerade überholt hat, oder auch nicht zu seinen Hundefreunden hin, damit er sich gar nicht erst angewöhnt, dort hin zu rennen wie verrückt.

Wo und wann können Sie diese Signale anwenden?
Immer wenn Sie Bello an die Leine nehmen möchten, bzw. wenn er frei laufen darf.

„Bello, tauschen!"

Das Signal **„tauschen"** benötigen Sie, wenn Bello etwas im Maul hat, das er eigentlich besser nicht haben sollte, z.B. ein dubioses Stück Fleisch, das Sie ihm abnehmen möchten, oder zum Aufbau vom Apportieren.

- Für einen Hund ist es selbstverständlich, dass alles, was er im Maul hat oder wo er seine Pfote drauflegt, ihm gehört und für alle anderen tabu ist. Es sind Tricks erlaubt, um ihm die begehrte Beute abzujagen, aber niemals würde ein gut sozialisierter Hund einem anderen Hund mit Gewalt Beute abnehmen. Wenn Sie jetzt anfangen, Bello mit mehr oder weniger starker Gewaltanwendung seine Beute abzunehmen, sie ihm vielleicht sogar aus dem Maul nehmen, müssen Sie damit rechnen, dass er anfängt, seine Beute zu verteidigen. Aus seiner Sicht befindet er sich absolut im Recht. Im – für Sie – günstigsten Fall verschwindet er mit seiner Beute, im ungünstigsten Fall wird er um seine Beute kämpfen.

- Wenn Sie die Regeln beachten, wird das „Tauschen“ für Bello und Sie ein Spiel.
- Geben Sie ihm immer, immer eine Belohnung, wenn er seine Beute abgegeben hat. Es ist 100mal besser einem Hund ein Leben lang für dieses Signal zu belohnen und damit zuverlässigen Gehorsam zu erreichen und zu verhindern, dass er etwas Vergiftetes frisst, als das Risiko einzugehen, dass er sich für etwas entscheidet, das für ihn gefährlich werden kann.
- Zerren Sie nie an dem Gegenstand, den Sie ihm abnehmen möchten. Er wird sofort fester zubeißen, das ist ein Reflex! Und er wird sofort bereit sein, mit Ihnen darum zu streiten.
- Die Alternative, die Sie ihm anbieten, muss mindestens gleichwertig oder deutlich besser sein, als das was er eintauschen soll.

Hörzeichen: „Bello, tauschen!“
Sichtzeichen: Sie zeigen Bello deutlich, dass Sie in der einen Hand ein sehr gutes Leckerchen haben und strecken die andere Hand in Richtung „Beute“ aus.

Und so üben Sie es ein:

Bello hat einen Zottel im Maul und Sie haben Ihre Hand am Zottel. Nehmen Sie ein attraktives Leckerchen, sagen Sie ruhig: „Bello, tauschen“ und halten Sie ihm das Leckerchen hin. Wenn er loslässt, loben Sie ihn und geben Sie es ihm. Nehmen Sie den Zottel hoch, bewundern ihn und hindern Bello daran, dass er hochspringt und den Zottel nimmt. Wenn er Sie ruhig beobachtet und keine Anstalten macht, Ihnen den Zottel wegzureißen, geben Sie ihm den Zottel wieder, sagen Sie dazu: „Bello, nimm's dir.“ Dann überlassen Sie ihm den Zottel. Evtl. wiederholen Sie die Übung noch ein-, zweimal, dann lassen Sie s gut sein.

Achtung: Bei allen Übungseinheiten während der ersten Zeit muss Bello am Ende der Übung seine Beute wieder bekommen. Zumindest muss das, was er dafür bekommt, viel interessanter sein. Es könnte sonst sein, dass er den Zottel, den Knochen oder was er auch immer hat, sehr viel höher schätzt, als Ihr Leckerchen. Dann könnte er sich dazu entscheiden, dass er die Mücke macht. Wenn er zuverlässig gelernt hat, dass er seine Beute zurückbekommt. wird er sie auch rausgeben, wenn er sie nicht wiederbekommt, sondern „nur“ ein supertolles Leckerchen.

Wo und wann können Sie dieses Signal anwenden?

- Manche Hunde finden alles Mögliche, das sie mitnehmen. Das kann gefährlich werden. Deshalb sollten Sie das Signal gut und zuverlässig einüben.
- Wenn Sie mit Apportieren anfangen, kann er lernen, dass er jetzt das Bringsel abgeben soll. Später können Sie das richtige Apportsignal einführen.
- Als Spiel an langweiligen, verregneten Nachmittagen können Sie mit Ihrem Hund gemeinsam den Papierkorb oder seine Spielzeugkiste ausleeren.
- Man kann es auch als Vorübung zum Giftködertraining sehen. Giftködertraining sollten Sie aber tatsächlich nur dann angehen, wenn in Ihrer Umgebung Giftköder ausgelegt werden.

Nicht anwenden sollten Sie dieses Signal dann, wenn Sie genau wissen, dass Bello jetzt ganz sicher nichts hergibt, weil die Beute einfach zu kostbar ist. Das kann z.B. sein, wenn ein anderer Hund in der Nähe ist, der ebenfalls auf diesen Knochen oder das Spielzeug scharf ist.

Bello, komm hier rüber

Das Signal „komm hier rüber" benötigen Sie, wenn Bello auf Ihre andere Seite wechseln soll, also z.B. von links nach rechts. In der Regel werden Sie es an der Leine verwenden. Es kann zum Vorbeugen von Leinenaggression und auch zu deren Abbau verwendet werden. Achten Sie darauf, dass Ihr Hund immer **hinter** Ihnen herumgeht, damit Sie nicht über ihn stolpern.

Hörzeichen: „Bello, komm hier rüber!"
Sichtzeichen: Anfangs zeigen Sie sehr übertrieben hinter Ihrem Rücken auf die gewünschte Seite, auf der ein Leckerchen wartet, später können Sie diese Bewegung so sparsam machen, wie nur möglich.

Und so üben Sie es ein:

Sie gehen mit dem unangeleinten Hund oder mit einem Hund an langer Leine (3 Meter) spazieren. Sie nehmen ein Leckerchen in die rechte Hand und zeigen es hinter Ihrem Rücken dem Hund, der links geht (oder eben umgekehrt). Wenn er dem Leckerchen folgt, sagen Sie das Signal, loben ihn und geben ihm das Leckerchen.

Wo und wann können Sie dieses Signal anwenden?

- immer wenn er an der Leine geht und Sie möchten, dass er von einer auf die andere Seite wechselt
- viele Hunde finden diese Übung total lustig, Sie können sie also auch als Spiel verwenden, wenn Ihr Hund zu dieser Sorte gehört und haben einen Grund, ihm ein Leckerchen zu geben.

„Komm hier rüber" ist eine wunderbare Anweisung, um einem Hund unkompliziert klar zumachen, dass er bei der Begegnung mit etwas Unheimlichem wie einem Rollstuhlfahrer keine Verantwortung übernehmen muss. Sie können nicht immer ausweichen, wenn etwa der Gehsteig schmal ist. Dann müssen Sie Bello ohne große Aufregung eine Anweisung geben können, durch die er auch auf kleinem Raum auszuweichen lernt. Viele Hunde zeigen dieses Verhalten von allein ohne Kommando. Sollte Ihr Hund das auch tun, bestätigen Sie es und bestehen Sie nicht darauf, dass er auf der „richtigen" Seite bleibt. Sollte Ihr Hund nach Einübung dieses Signals verstanden haben, um was es geht, und die Seite wechseln ohne Anweisung, dann belohnen Sie das ruhig mit einem Jackpot. Bello hat nämlich verstanden, dass er die Verantwortung an Sie abgeben darf und tut das auch gerne und freiwillig.

2.2.3. Ruhesignale

Ruhesignale sind alle Signale, bei denen ein Hund eine gewisse Zeit in einer bestimmten Position verharren soll. Dazu gehören: sitz, platz, steh, warte, bleib, geh auf die Seite, bei Fuß. Damit der Hund zuverlässig diese Signale genau so lange ausführt wie er soll, müssen Sie jedes Ruhesignal auflösen. Tun Sie das nicht, wird er sich aus dem Signal lösen, weil es ihm zu lange dauert oder weil er einfach nicht verstanden hat, was Sie von ihm wollen. Aus diesem Grund üben wir jedes Ruhesignal von Anfang an mit der Auflösung ein, so versteht er ganz einfach, dass es zusammen gehört. Der große Vorteil dabei ist, dass er sehr schnell an der Art des Aufbaus erkennt, wenn Sie ein neues, noch unbekanntes Ruhesignal einführen.

Ein wichtiger Punkt bei allen Ruhesignalen ist, dass sie nicht inflationär und vor allem nicht für zu lange Dauer angewendet werden. Wenn Sie von Ihrem Hund fordern, dass er stundenlang „platz" macht, dann sollten Sie sich nicht wundern, wenn er irgendwann aufsteht oder das Signal überhaupt nicht mehr ausführen möchte. Sie erreichen eine zuverlässige Ausführung eines langen Verharrens in Signalen wie sitz, platz oder bei Fuß nur unter Anwendung von Zwang. Bei Signalen wie „bleib" ist es eine Frage der Geduld und des richtigen Aufbaus, um einem Hund ein längeres Verweilen an der gewünschten Stelle beizubringen. Sie sollten sich allerdings darüber im Klaren sein, dass Hunde so etwas zwar lernen können, dass es ihnen aber in eklatanter Weise zuwiderläuft. So wenig wie Menschenkinder, wenn sie richtig aufwachsen und nicht zu Computer- oder Fernsehidioten erzogen werden, gerne stundenlang still sitzen, genau so wenig wollen Hunde egal welchen Alters stundenlang in einem Ruhesignal bleiben.

Bei Hunden mit Skelettproblemen wie HD und bei großen Rassen müssen Sie mit Signalen wie sitz oder platz sehr achtsam sein. Beobachten Sie Ihren Freund gut, ob er Anzeichen von Unwohlsein oder Schmerzen zeigt, wenn er auf Ihr Signal hin sitzen oder sich hinlegen soll. Es kann sein, dass er diese Signale generell nicht gerne ausführt, weil er sich dabei unbehaglich fühlt. Wenn Sie auf der Ausführung beharren, beweisen Sie ihm nur, dass sein Wohlbefinden Ihnen egal ist. Kein Signal der Welt ist es aber wert, dass Ihr Hund sein Vertrauen in Sie verliert. Anstelle eines Sitz oder Platz, das ihm nur Schmerzen bereitet, können Sie ebenso gut ein zuverlässiges „Steh" aufbauen.

Die Auflösung: Schau und weiter

Die Auflösung ist eine zentraler Bestandteil des Trainings. Sie benötigen die Auflösung nach jedem Ruhesignal. Viele Leute nehmen als Auflösung etwas wie: lauf. Das ist leider nicht sehr gut geeignet, da viele Hund schon voller Spannung darauf warten, endlich laufen zu dürfen und durchstarten wie die Raketen. Das kann zu ganz bösen Missverständnissen bei Hundebegegnungen führen.

Mit einer korrekt ausgeführten Auflösung erreichen Sie folgendes:
- Bello versteht, dass nach bestimmten Signalen noch etwas kommt. Weil er gerne frei laufen möchte, beobachtet er Sie aufmerksam, damit er das nicht versäumt. Er nimmt also Blickkontakt mit Ihnen auf.
- Sie bleiben immer aufrecht stehen. Dadurch haben Sie die Gesamtsituation im Blick und können das Auflösen evtl. noch ein bisschen hinauszögern.
- Da Sie dieses Auflösungssignal ruhig ausführen, lernt er ruhig von Ihnen wegzugehen.

„schau"

„und weiter"

- Er nimmt mit Ihnen Blickkontakt auf, wenn er etwas von Ihnen will, Sie bringen ihm bei, zu fragen.
- Vergessen Sie nie, dass er immer, immer zuerst mit Ihnen Blickkontakt aufnehmen muss, ehe er gehen darf. Wenn er Sie einmal ansehen muss und einmal nicht, lernt er es nicht richtig, weil **Sie** nicht zuverlässig arbeiten.
- Das Handzeichen muss immer korrekt kommen, sonst geht Bello auf jede

beliebige Handbewegung, auch wenn Sie das noch gar nicht möchten. Die Gefahr, dass etwas passiert, ist dann tatsächlich groß.
- Arbeiten Sie immer mit Hör- **und** Sichtzeichen.
- Manchmal wollen die Hunde bei der Auflösung kein Leckerchen. Das ist kein Drama. Stopfen Sie es ihm nicht mit Gewalt rein. Die Belohnung ist dann eben, dass er mit seinem Freund spielen oder frei laufen darf.
- Loben Sie ihn für den Blickkontakt.
- Dehnen Sie die Auflösung nicht endlos aus. Wenn Sie erst noch minutenlang warten, ob auch tatsächlich die Gegend frei und friedlich ist, dann lassen Sie ihn besser an der Leine.
- Achten Sie darauf, das Signal so aufzulösen, dass Bello auch wirklich in die von Ihnen gewünschte Richtung geht, d.h. wenn ein Jogger vorbeiläuft und Bello soll einen Moment warten, dann schicken Sie ihn bitte nicht hinter dem Jogger her, sondern in die andere Richtung.

Hörzeichen: „Bello, schau und weiter!"
Sichtzeichen: Heben Sie die Hand mit dem Leckerchen in Augenhöhe, führen Sie die Hand nach unten und im rechten Winkel in die Richtung, in die es weitergehen soll. Ihr Körper folgt dieser Armbewegung und Sie gehen 1-2 Schritte in die gewünschte Richtung, so geben Sie ihm den Weg frei. Dann bekommt er sein Leckerchen. Achten Sie aber darauf, dass Sie das Leckerchen nicht wegziehen!

Wo und wann können Sie dieses Signal anwenden?
Immer, wenn ein Ruhesignal aufgelöst werden muss.

Bello, mach schön sitz

Das Sitzsignal benötigen Sie manchmal, um Bello zu verstehen zu geben, dass jetzt einen kurzen Moment Ruhe angesagt ist, z.B. lernt Ihr Hund, sich bei Anblick von Wild hinzusetzen anstatt den Rehlein hinterherzurennen. Für das Sitzen können Sie ihn dann belohnen, für das Rehejagen nicht. Eine Variante von „sitz" ist das Herankommen mit Vorsitzen, das Sie z.B. beim Mantrailing einsetzen können.
- Achten Sie auf den Untergrund, auf dem Bello sitzen soll. Es soll für Ihren Hund eine angenehme und nette Übung keine Folterung sein. Bei 35° Grad im Schatten finden es Rüden sicher nicht witzig, wenn sie auf glühendem Asphalt sitzen müssen, aber auch spitze Steine oder eisiger

Boden sind keine angenehme Unterlage.

- Wenn Ihr Hund sich generell nicht gerne hinsetzt, sollten Sie darüber nachdenken, ob er vielleicht ein gesundheitliches Problem hat: vielleicht hat er einen Schaden an den Hüften (HD) oder an der Wirbelsäule. Auch läufige Hündinnen setzen sich nicht gerne hin.
- Bestehen Sie nicht auf diesem Signal, wenn Ihr Hund es nicht gerne macht. Bringen Sie ihm alternativ ein ruhiges „steh" bei.
- Lassen Sie Bello bitte nicht stundenlang sitzen, sonst steht er irgendwann selbständig auf und wird unzuverlässig. Außerdem gibt es keinen Grund, warum ein Hund dauernd sitzen muss.

Lupo sitzt einwandfrei trotz Ablenkung

- Wenn Bello sitzt, loben Sie ihn ruhig und freundlich und lösen das Signal auf.
- Viele Hunde müssen bei jeder Gelegenheit sitzen und das nervt sie sehr, z.B. beim Anleinen, beim Überqueren der Straße, jedes Mal, wenn Herrchen den Hund herruft ... Wenn Sie das machen, kommen Sie sehr schnell in die Situation, dass Sie mit Ihrem Hund eine Ersatzdiskussion führen: er soll sich hinsetzen, anstatt darauf zu achten, was er tun soll: herankommen, an der Straße ruhig warten, sich ruhig anleinen lassen ... Sie nerven ihn also nur und nehmen ihm die Freude am Gehorsam. Also: konzentrieren Sie sich auf das, was Sie gerade wollen und überlegen Sie sich gut, ob „sitz" im Moment wirklich angesagt ist.

Hörzeichen: „Bello, mach schön sitz!"
Sichtzeichen: erhobener Zeigefinger oder die schmale Seite Ihrer flachen Hand

Wo und wann können Sie dieses Signal anwenden?
- Als kleine Gehorsamsübung für zwischendurch
- Damit Sie einen Grund haben, Bello ein Leckerchen zu geben. (Wenn Sie sich ohne Grund nicht trauen!)
- Als Alternative zu einer unerwünschten Handlung, z.B. Bello jagt nicht die Nachbarskatze, sondern setzt sich hin.

Achtung! Viele Menschen verwechseln die Bereitschaft eines Hundes, sich für ein Stückchen Wurst hinzusetzen, mit gutem Grundgehorsam. Das ist nicht unbedingt so. „Sitz" als Alternativverhalten bedeutet sicher, dass Ihr Hund einen guten Gehorsam hat. „Sitz" als Trick, um an Leckerchen zu kommen, sicher nicht. Verhindern Sie also, dass jeder, der sich für einen großartigen Hundeflüsterer hält, Ihre Pelznase pausenlos für Leckerchen „sitz" machen lässt.

Herankommen und vorsitzen: Bello, zu mir!

Das Herankommen und Vorsitzen benötigen Sie nicht sehr oft im Hundeleben. Mit Hunden, die Probleme mit der Hüfte oder der Wirbelsäule haben, üben Sie es besser mit Vorstehen ein.

- Rufen Sie ihn nicht, wenn er stark abgelenkt ist. Er wird nicht kommen, aber Ihr Kommando hört er sehr wohl und er wird es als unwichtig einstufen, weil er nicht richtig gelernt hat, was es bedeutet.
- Arbeiten Sie anfangs immer mit Hör- und Sichtzeichen. Nach einiger Zeit können Sie als Variante nur mit Hör-, bzw. Sichtzeichen zu arbeiten.
- Beim Herankommen und Vorsitzen soll Bello zu Ihnen kommen und vor Ihnen sitzen bleiben, bis Sie das Kommando auflösen.

Hörzeichen: „Bello, zu mir!"
„zu mir" ist etwas, was Sie selten sagen und man kann es sehr schön „singen", also wird Ihr Hund gerne und zügig kommen.
Sichtzeichen: machen Sie eine ausholende Armbewegung (ich hole meinen Hund „zu mir"), die im Sichtzeichen für „sitz" endet.

- Wenn Bello sich nicht sofort beim ersten Mal hinsetzt, sagen Sie zusätzlich: „Bello, mach schön sitz", wenn er sitzt, loben Sie ihn leise und freundlich. Dann lösen Sie das Kommando auf und geben ihm sein Leckerchen.
- Denken Sie daran, das Sichtzeichen mit beiden Händen zu üben. Manche Hund lernen ganz schnell, dass etwas nur auf einer Seite gilt und das ist äußerst unpraktisch.

Wo und wann können Sie dieses Kommando anwenden?
- Eigentlich benötigen Sie dieses Kommando vor allem als kleine Gehorsamsübung, die man im Alltag einbauen kann.
- Wenn Sie die Begleithundeprüfung ablegen möchten.
- Machen Sie dieses Signal nicht zu oft, viele Hunde finden es nicht so furchtbar toll, pausenlos vor Herrchen / Frauchen sitzen zu müssen. Denken Sie immer daran, dass Gehorsam schön für Ihren Hund sein muss. Also achten Sie bei diesem Kommando besonders darauf, dass der Untergrund für Ihren Hund angenehm ist.

Vorbildliches Vorsitzen

Bello, warte

Das Signal **„warte"** ist ein Alltags"bleib", das Sie benötigen, wenn Sie
- mit Ihrem Hund die Straße überqueren und Sie müssen erst den Verkehr vorüberlassen,

- vom Haus auf die Straße hinausgehen
- Ihren Garten verlassen und das Gartentor aufmachen müssen, und Ihr Hund nur einen kurzen Moment warten soll
- Bello nicht sofort aus dem Auto hopsen soll, wenn Sie die Tür aufmachen
- Ihr Hund frei vor Ihnen läuft und er soll einen Moment warten, bis Sie bei ihm sind ... Also in allen Situationen, in denen Ihr Hund einen kurzen Moment ruhig warten soll. Im Gegensatz dazu ist ein korrekt aufgebautes „bleib" eine langwierige Angelegenheit, der Aufbau kann bis zu sechs Monaten dauern. Die wenigsten Hund-Mensch-Team brauchen es im Alltag, wer es aufbauen möchte, findet die Beschreibung weiter hinten.
- Bei diesem Signal muss Ihr Hund nicht unbedingt sitzen. Viele Hunde setzen sich hin, wenn sie verstanden haben, was sie tun sollen. Aber wir verlangen es nicht ausdrücklich von ihm.
- Bauen Sie es zuerst auf, wenn Ihr Hund neben Ihnen geht, idealerweise ohne Leine. Dann erweitern Sie auf jede mögliche Position, im Freilauf, an der Leine und auf Entfernung.

Hörzeichen: „Bello, warte!"
Sichtzeichen: flache Hand in Brusthöhe als Stoppzeichen
Eselsbrücke: stellen Sie sich vor, Sie möchten jemanden abstoppen. Sie wenden sich ihm kurz zu und stoppen ihn mit der flachen Hand ab. Wenn Ihr Hund links neben Ihnen ist, geben Sie das Sichtzeichen mit der rechten Hand, wenn er rechts geht, bzw. mit der rechten Hand, wenn er links geht. Das hört sich komplizierter an als es ist. Versuchen Sie es z.B. mit Ihrem Partner, Sie werden sehen, das ist eine ganz natürliche Bewegung, die Sie so schon oft ausgeführt haben.

Wo und wann können Sie dieses Signal anwenden?
- siehe oben: in allen Situationen, in denen Bello einen Moment warten soll
- aber auch: wenn Sie eine Sache regeln, z.B. mit dem Briefträger am Gartenzaun und Bello soll nicht wie ein Irrer neben Ihnen rumtoben und versuchen, den Briefträger zu fressen.
- beim Fährten oder Trailen, wenn Sie erst etwas klären müssen
- auf Entfernung, z.B. wenn Bello unterwegs an einer Kreuzung warten soll, da es für ihn leichter ist einen Moment zu warten, bis Sie herangekommen sind, anstatt zu Ihnen zurück zu kommen
- wenn Besuch kommt, der nicht unbedingt als erstes von Ihrem Hund begrüßt werden möchte. Wie das genau geht, erfahren Sie unter dem Punkt „Besuch kommt".

„Warte" ist ein außerordentlich wichtiges Signal, das Sie im Leben eines Hundes oft benötigen. Lassen Sie sich deshalb bitte viel Zeit, damit Ihre Pelznase es gut und zuverlässig lernt und ausführt. Selbstverständlich können Sie es genau so ausbauen wie ein „bleib". Es besteht aber auch die Möglichkeit, für kurzes „Warten" dieses Signal, für längeres „Bleiben" ein klassisches „Bleib" aufzubauen. Man kann „warte" sehr gut auf Entfernung aufbauen. Wenn er es schon sicher beherrscht, geben Sie das Signal deutlich mit Hör- und Sichtzeichen, wenn er nur ein wenig von Ihnen entfernt steht. Gehen Sie zum Auflösen immer zu ihm hin und bauen Sie langsam weitere Entfernungen auf.

Achtung: Bei diesem Signal ist es sehr wichtig, dass Sie es ganz ruhig und freundlich sagen, dabei aufrecht (!) stehen bleiben und er Blickkontakt aufnimmt. Ruhig und freundlich deshalb, weil Bello in der Regel in Ihrer Nähe steht und es keinen Grund gibt, ihn anzubrüllen. Erinnern Sie sich? Er hört 4-22 Mal besser als wir. Aufrecht stehen sollen Sie, damit er zu Ihnen hochschaut und nicht in der Gegend rum. Wenn Sie sich zum ihm bücken, hat er keinen Grund hoch zu sehen. In Ihre Richtung sieht er ganz sicher, wenn Sie bei ihm stehen oder ihn in geeigneter Weise aufmerksam machen. Ganz sicher sieht er Sie nicht an, wenn Sie von hinten auf ihn einreden.

Bello, auf die Seite

Das Signal **„auf die Seite"** benötigen Sie, wenn Bello einem entgegenkommenden Menschen oder Auto ausweichen soll und Sie keine Möglichkeit oder keinen Platz haben, einen Bogen oder in eine andere Richtung zu gehen. Bello soll ruhig auf der angegebenen Seite warten, bis Sie ihm sagen, dass er weitergehen darf.

- Bei diesem Signal muss Ihr Hund nicht unbedingt sitzen. Viele Hunde setzen sich hin, wenn sie verstanden haben, was sie tun sollen. Aber wir verlangen es nicht ausdrücklich von ihnen.
- Sie müssen zu Anfang weit genug vom Weg oder der Straße abgehen, damit Ihr Hund auch wirklich versteht, was Sie wollen. Wenn Sie beim Einüben mit ihm einen halben Meter neben dem Weg bleiben, besteht die Gefahr, dass er das Signal nicht richtig versteht.
- Üben Sie immer beide Seiten.
- Nehmen Sie Blickkontakt mit ihm auf, wenn Sie ihm das Signal geben.

- Gehen Sie sofort an der Stelle mit ihm auf die Seite, an der Sie ihm die Anweisung geben.
- Gehen Sie nur dort auf die Seite, wo das auch angenehm ist. Auch für Sie ist es nicht lustig, barfuß durch Brombeergebüsch zu laufen, für Bello erst recht nicht.
- Achten Sie darauf, dass Sie zwischen Bello und dem Weg stehen.
- Beim Auflösen müssen Sie darauf achten, dass Sie Bello nicht dem Jogger hinterherschicken, sondern in die entgegengesetzte Richtung.
- Rufen Sie ihn nie aus diesem Signal ab, sondern lösen Sie es auf. Wenn Ihr Hund schon sehr zuverlässig folgt (80% aller Übungen waren erfolgreich), dann können Sie das Signal auch dort auflösen, wo Sie stehen.
- „Auf die Seite" ist ein wichtiges Signal, das Sie oft brauchen. Üben Sie es deshalb gründlich und freundlich ein und passen Sie gut auf, dass Ihr Hund es immer als angenehm empfindet. Nicht angenehm wäre es z.B. wenn er neben einem wartenden LKW direkt am Auspuff oder im Brennesselgestrüpp warten müsste Lassen Sie sich viel Zeit. Es kommt nicht darauf an, in wenigen Tagen alles und jedes perfekt zu beherrschen. Das gilt ganz besonders für Signale wie „geh auf die Seite", die Sie ganz sicher brauchen werden.

Auch in der Gruppe kann man auf die Seite gehen

Hörzeichen: „Bello, auf die Seite!"
Sichtzeichen: eine deutliche Handbewegung auf die gewünschte Seite

Und so üben Sie es ein:

1. Schritt:

Gehen Sie mit Ihrem Hund mit oder ohne Leine ein Stück den Weg entlang, bleiben Sie kurz stehen, heben Sie die Hand, schauen Sie Ihren Hund an und sagen Sie zu ihm: Bello geh auf die Seite. Gleichzeitig deuten Sie auf die gewünschte Seite und gehen mit ihm zügig 2-3 Meter vom Weg ab dorthin. Er soll Ihrer Hand folgen und geht deshalb noch einen halben Meter weiter wie Sie, so dass Sie zwischen ihm und dem Weg stehen. Sollte er nicht wirklich verstanden haben, was Sie wollen, zeigen Sie ihm kurz die flache Hand wie bei „warte". Und es ist kein Drama, wenn Sie auch „warte" sagen. Loben Sie ihn ruhig, weil er so schön wartet und halten Sie dadurch seine Aufmerksamkeit. Lösen Sie das Kommando auf und geben Sie ihm ein Leckerchen.

2. Schritt:

Alles bleibt wie in Schritt 1, aber Sie bleiben ein bisschen eher stehen und achten darauf, dass Bello tatsächlich 2-3 Meter vom Weg ab geht. Wenn er gelernt hat, Ihrer Hand zu folgen, sollte das gut klappen.

3. und weitere Schritte:

Bello soll zunehmend allein dorthin gehen, während Sie auf dem Weg warten. Spätestens hier benötigen Sie eine genügend lange Leine oder Bello läuft frei. Lassen Sie ihn aber niemals frei laufen, wenn die Gefahr besteht, dass er sich selbständig aus dem Kommando löst und hinter dem Jogger, Radfahrer ... herrennt.

Letzter Schritt:

Mit Hilfe einer 2. Person, die Bello anfangs an der Leine absichert, bringen Sie ihm bei, auch auf Entfernung auf die Seite zu gehen und dort zu warten, bis Sie kommen und das Kommando auflösen.

Wo und wann können Sie dieses Signal anwenden?

- siehe oben: in allen Situationen, in denen Bello einen Moment auf der Seite warten soll
- immer wenn etwas von vorne kommt und Bello kann nicht in einem Bogen daran vorbei geführt werden oder wenn Sie zu wenig Platz zum Ausweichen haben.

Besuch kommt

Keiner geht gerne zu Menschen zu Besuch, bei denen der Haushund immer zur einer stürmischen Begrüßung bereitsteht. Auch ein Hund, der erst weggesperrt werden muss, macht keine Freude. Deshalb üben wir ein Besuchsritual ein, bei dem Bello lernt, Besuch angemessen zu begrüßen und ihn ohne Probleme zu akzeptieren. Bitte beachten Sie, dass Hunde unterschiedlich freundlich auf Besuch reagieren. Es ist nicht selbstverständlich, dass Ihr Hund über jeden Besuch in Begeisterung ausbricht. Ebenso wenig muss Ihr Besuch Bello lieben. Viele Hunde fangen im Alter von ca. einem Jahr an, genau zu überlegen, ob Besuch herein darf oder nicht. Falls Ihrer früher oder später dran ist, ist es eben so. Manche möchten auch zuerst die Zustimmung ihres Menschen haben, dann ist für sie jeder Handwerker, Paketbote oder Kaffeebesuch willkommen. Wenn sie die aber nicht bekommen, haben sie ein Problem. Gerade Rüden, die nach ihrem Selbstverständnis dafür da sind, ihre Familie zu bewachen und zu beschützen, tun sich da oft sehr schwer. Bitte haben Sie Verständnis für Ihren Vierbeiner und freuen Sie sich, dass er sich eine Aufgabe gesucht hat. Sie müssen ihm nur noch zeigen, wie Sie sich das vorstellen.

Was Sie auf keinen Fall dulden dürfen: jeder Besuch überschüttet Bello mit Unmengen an Leckerchen oder gibt ihm was vom Tisch oder erlaubt ihm, auf die Couch zu springen, die bei Ihnen für Bello verboten ist, oder, oder, oder ... Es geht auch überhaupt nicht, dass sich manche Leuten von Ihrem Hund anspringen lassen. Wenn Sie einen großen Hund haben, reagiert niemand freundlich, wenn er das gelernt hat. Und auch kleine Hunde haben dreckige Füße und können mit ihren Krallen Löcher in Kleider reißen. Wer von Ihren Besuchern also nicht einsieht, dass er Ihnen bei der Erziehung Ihres Hundes in diesem Punkt helfen muss und dass Sie die Regeln in Ihrem Haus aufstellen, den stellen Sie am besten vor die Wahl: entweder du machst mit oder du kannst so lange nicht kommen, bis Bello das beherrscht und du keine Lust mehr hast, dich von einem 40-Kilo-Paket anspringen zu lassen. Bestehen Sie darauf. Den Ärger haben Sie, wenn Ihre Pelznase das nicht richtig beherrscht. Wenn Sie von Anfang an klare Regeln einführen, haben alle was davon.

Und so üben Sie es ein:

1. Platz aussuchen, an dem Bello wartet, bis der Besuch hereingebeten und von Ihnen begrüßt wurde. Von diesem Platz aus sollte er das

Geschehen beobachten können. Evtl. wird dort eine Leine befestigt, an der er anfangs fixiert wird.

2. Der Besuch wird vorbereitet: er darf mit Bello keinen Kontakt aufnehmen, sondern soll erst die Menschen begrüßen.
3. Der Besuch klingelt oder macht sich anders bemerkbar. Daraufhin rennt Bello zur Tür und bellt. Sie gehen hin, loben ihn dafür, dass er gemeldet hat und führen ihn an den Platz, an dem er das weitere Geschehen beobachten kann. Das kann so aussehen: Sie leinen ihn an und gehen mit ihm weg. Wenn er schon begriffen hat, um was es geht, können Sie ihn auch mit der Aufforderung: „komm mit“ wegholen. Evtl. begreift er schnell, was Sie von ihm möchten, dann können Sie ihn auch mit einem freundlichen Signal auf den „Warte“- Platz schicken.
4. Bello ist angeleint und wird von einer Person an der Leine abgesichert oder am Warteplatz fixiert. Er bekommt das Signal „warte“. Die Person, die Bello absichert, macht nichts, außer die Leine halten. Wenn niemand da ist, der Ihnen dabei helfen kann, fixieren Sie die Leine an einem geeigneten Ort, z.B. im Garten an einem Pfosten oder in der Wohnung an der Heizung. Die Absicherung muss so sein, dass Bello sich nicht losreißen und / oder etwas beschädigen kann. Bello muss auf alle Fälle die Türe im Auge behalten können, damit er sieht, was passiert. Evtl. kann es auch sinnvoll sein, den Platz so zu wählen, dass Bello weggehen kann, wenn er das möchte. Aber auf keinen Fall soll er von sich aus zum Besuch hingehen.
5. Herrchen / Frauchen geht zur Tür, lässt den Besuch herein und begrüßt ihn freundlich. Sie gehen mit dem Besuch zum Hund. Dabei ist zu beachten, dass Sie immer zwischen Bello und dem Besuch sind. Sie loben ihn für sein ruhiges Warten, lösen den Karabiner und lösen das Kommando auf. Dabei werfen Sie 2-3 Leckerchen auf die Seite, so dass er zuerst die Leckerchen sucht.
6. Bello darf den Besuch ruhig begrüßen, er darf ihn beschnuppern, aber nicht anspringen. Falls er ein Leckerchen zur Belohnung bekommen soll, bekommt er das nur von Ihnen, da er nicht lernen soll, dass Besucher Leckerchenautomaten sind. Der Besuch darf ihn ebenfalls ruhig begrüßen.
7. Alle wilden Begrüßungszeremonien haben zu unterbleiben! Wenn ein Besucher uneinsichtig ist, ist es besser, auf diesen Besuch zu verzichten, bis Bello groß genug ist. Von einem ausgewachsenen Hund will sich keiner anspringen lassen.

8. Bitte machen Sie alles in aller Ruhe. Je aufgeregter Sie sind, umso aufgeregter ist auch Ihr Hund. Er verbindet Ihre Aufregung nicht mit Ihrer Angst, dass er evtl. etwas falsch macht, sondern er denkt, dass Sie den Besuch nicht haben wollen. Deshalb wird er den Besuch „verjagen" wollen. Wenn Sie ruhig, freundlich und gelassen bleiben und Ihre Pelznase merkt, dass der Besuch eine nette Abwechslung im Alltag ist, wird auch er sich darüber freuen. Idealerweise nimmt er zur Kenntnis, dass jemand Fremder kommt, und kümmert sich nicht weiter darum.

2.2.4. Signale für Fortgeschrittene

Bello, mach schön platz oder Bello, leg dich

Das **Platzsignal** benötigen Sie in sehr seltenen Fällen, in denen einen Moment Ruhe angesagt ist, oder wenn Sie die Begleithundeprüfung ablegen möchten. Eigentlich ist es bei richtigem Aufbau für die meisten Hunde eine lustige Denksportaufgabe.

Lupo macht prompt Platz

- Achten Sie auf den Untergrund, auf dem Bello liegen soll. Es soll für Ihren Hund eine angenehme und nette Übung, keine Folterung sein. Kein Hund findet es witzig, wenn er auf glühendem Asphalt oder spitzen Steinen liegen muss. Auch eisiger Boden ist keine angenehme Unterlage.
- Wenn Ihr Hund sich generell nicht gerne hinlegt, sollten Sie darüber nachdenken, ob er vielleicht ein gesundheitliches Problem hat: vielleicht hat er einen Schaden an den Hüften (HD) oder an der Wirbelsäule. Es

könnte allerdings auch sein, dass er sich gerade bedrängt fühlt, weil z.B. ein Hund in unmittelbarer Nähe ist, der ihm nicht sympathisch ist.

- Bestehen Sie nicht auf diesem Signal, wenn Ihr Hund es nicht gerne macht.
- Lassen Sie Bello nicht stundenlang liegen, sonst steht er irgendwann selbständig auf und wird unzuverlässig. Außerdem gibt es keinen Grund, warum ein Hund dauernd rumliegen muss.
- Bauen Sie das Signal langsam und geduldig auf. Auf Signal hinlegen ist für viele Hunde ein schwierige Übung. Aus der Beschreibung unten können Sie sehen, dass dieses Signal auch dann nicht einfach ist, wenn es gut aufgebaut wird. Lassen Sie sich deshalb Zeit und machen Sie höchstens drei Wiederholungen je Schritt. Ihr Hund braucht genügend Pausen um das Gelernte zu verstehen und zu verarbeiten.
- Im Unterschied zu andern Signalen bauen wir „mach schön platz" zuerst nur mit dem Sichtzeichen auf, das Hörzeichen kommt dazu, wenn er das Sichtzeichen verstanden hat.

Hörzeichen: „Bello, mach schön platz" oder „Bello, leg dich"
Sichtzeichen: flache Hand in Hüfthöhe nach unten

So üben Sie es ein:

Nehmen Sie in jede Hand ein Leckerchen. Ein Leckerchen führen Sie in einer geschlossenen Hand zu Boden. Bello darf ruhig sehen, was Sie da haben, er kann nicht hinkommen. Ihre Hand liegt auf dem Leckerchen und Bello muss sich überlegen, wie er an das Leckerchen kommt. Er wird jetzt versuchen, an Ihrer Hand zu schlecken, zu knabbern oder zu kratzen. Sie sagen nichts und warten ab, was er macht. Die meisten Hunde legen sich zum Nachdenken irgendwann hin. In dem Moment geht die Hand auf, Sie loben ihn und geben ihm das Leckerchen. Wenn er das Leckerchen gegessen hat, lösen Sie das Signal mit dem Leckerchen in der anderen Hand auf. Spätestens beim 3. oder 4. Durchgang weiß Bello, dass er sich auf dieses Zeichen (flache Hand ist noch am Boden) hinlegen soll. Ab da können Sie das Hörzeichen einführen. Sie führen die Hand zu Boden, sagen „Bello, leg dich" und wenn er sich hinlegt, loben Sie ihn ausführlich, geben ihm das Leckerchen und lösen das Signal mit der anderen Hand auf.

Die erste Schwierigkeit ist, dass Sie nicht mehr am Boden hocken, sondern sich herunterbeugen. Wenn Bello das anstandslos akzeptiert, heben

Sie Ihre Hand bei jeder Wiederholung ein bisschen höher. Zur Auflösung richten Sie sich jetzt auch auf. Das hat zur Folge, dass Bello immer länger liegen bleibt. Wenn jetzt auch noch das Leckerchen so groß ist, dass er länger drauf kauen muss, dann fällt ihm das leichter.
Ihr Ziel ist es, die Hand ungefähr in Hüft- oder Taillenhöhe zu halten und Bello legt sich hin.

Wo und wann können Sie dieses Signal anwenden?
- Als kleine Gehorsamsübung für zwischendurch
- Wenn Sie die Begleithundeprüfung ablegen möchten.
- Damit Sie einen Grund haben, Bello ein Leckerchen zu geben. (Wenn Sie sich ohne Grund nicht trauen!)
- Beim Antijagdtraining ist es ungeheuer praktisch, wenn Bello „Platz auf Entfernung" beherrscht und Sie ihn damit vom Hetzen / Jagen abhalten, bzw. bremsen können.
- Beim Trailen kann man sehr aufgeregten Hunden mit einem freundlich eingeübten „platz" auf angenehmem Untergrund am Ansatz vermitteln, dass es noch ein wenig dauert.

Wo und wann sollten Sie dieses Kommando nie anwenden?
- Wenn er mit anderen Hunden eine Auseinandersetzung hat oder wenn er sich irgendwie bedroht fühlt, unsicher ist und lieber weggehen möchte. Sie bauen sonst viel zu viel Spannung auf und das ist für Ihren Hund eine zu große, zusätzliche Belastung.
- Wenn er Probleme mit dem Bewegungsapparat hat.
- Um vorzuführen, wie toll Ihr Hund folgt.
- Wenn Sie ihn im Auto warten lassen und weggehen. Er kann jederzeit aufstehen und wartet nicht auf die Auflösung. Also wird er unzuverlässig. Es gibt keinen Grund, einen Hund stundenlang „abzulegen".

Bello, steh!

Steh benötigen Sie vor allem bei Hunden, die Probleme mit der Hüfte oder der Wirbelsäule haben. Sie können das „sitz" beim Herankommen und Vorsitzen und beim Einüben von „bleib" durch „steh" ersetzen. Manche Menschen verwenden es auch beim An-und Ableinen.

Steh

So üben Sie es ein:

Sie gehen mit dem Hund, der idealerweise neben Ihnen läuft, machen einen größeren, deutlichen Schritt, bleiben stehen und sagen „Bello, steh!" Weil dieses Signal schon sehr kurz und knapp ist, können Sie auch variieren und „stehen bleiben" oder „mach schön steh!" sagen, bzw. das „e" sehr stark dehnen.

Hörzeichen: „Bello, steh!"
Sichtzeichen: Für Hunde, die weder „platz" noch „sitz" lernen, können Sie eines der beiden freien Sichtzeichen verwenden, für alle anderen gilt einfach: wenn Sie stehen bleiben und „steh" oder „stehen bleiben" sagen, bleiben sie ebenfalls stehen.

Wo und wann können Sie dieses Kommando anwenden?
- beim Ab- und Anleinen Bello mal kurz anzuhalten

Bello, bleib

Das Signal „bleib" benötigen Sie, wenn Bello etwas länger warten muss, z.B. Sie sind beim Gruppentraining und Bello soll auf einem angewiesenen Platz bleiben, bis Sie ihn holen. Sie können auch sagen: „bleib" ist das lange „warte". Im Alltag brauchen die wenigsten Hund-Mensch-Teams dieses Signal. Manche Hunde, die für bestimmte Aufgaben eingesetzt werden, z.B. Jagdhunde sollten es gut beherrschen. Für Familienhunde ist es bestenfalls notwendig für die Begleithundeprüfung oder als Denksportaufgabe.

- Hunde, die unter Trennungsangst leiden, brauchen ganz sicher kein „bleib“. Damit können Sie die Trennungsangst verstärken und das wollen Sie nicht.
- Dies ist eines der schwierigsten Signale überhaupt, deshalb sollten Sie es nie überstrapazieren. Ihr Hund muss sich sehr stark konzentrieren und er muss begriffen haben, was ein Ruhesignal ist.
- Ob Ihr Hund bei „bleib“ sitzt, liegt oder steht, ist völlig egal. Er darf Ihnen nur nicht nachkommen. Achten Sie aber darauf, dass Sie dieses Signal nur dort üben, wo Bello nicht von irgendwas genervt oder zu sehr abgelenkt wird: eine Horde spielender Hunde in der Nähe, die über Bello stolpern, ist nicht wirklich angesagt.
- Außerdem ist es für einen Hund nicht „normal“, irgendwo zu warten, bis irgendwann Herrchen wiederkommt, normalerweise würde Bello Ihnen folgen oder sich für etwas anderes entscheiden.
- Gehen Sie nie auf Bello direkt und schnell zu, manche Hunde reagieren darauf sehr empfindlich, stehen auf und gehen weg, weil sie sich bedroht fühlen und einem Konflikt aus dem Weg gehen möchten.
- Starren Sie Ihren Hund beim Weggehen nicht an, schauen Sie einfach knapp an ihm vorbei oder über ihn drüber. Beim Zurückkommen vermeiden Sie bitte ebenfalls Blickkontakt. Blickkontakt kann für ihn bedeuten, dass Sie etwas von ihm wollen, also kommt er zu Ihnen. Das ist aber nicht das, was Sie momentan möchten.
- Wenn Bello Ihnen nachfolgt, war die Übung zu lang oder zu schwer. Bringen Sie ihn zurück, wo Sie angefangen haben, machen Sie die Übung noch einmal und zwar deutlich einfacher.
- Bauen Sie Ablenkungen sparsam, aber gezielt ein. Nützen Sie z.B. Büsche oder Bäume auf Ihrem Weg, damit Bello lernt, dass Sie auch mal kurz verschwinden.
- Rufen Sie ihn die ersten 6 Monate nie aus der Übung ab, sondern holen Sie ihn immer.
- Nehmen Sie kein zu attraktives Leckerchen, weil Bello sonst nur das Leckerchen sieht und sich nicht auf die Übung konzentriert und evtl. jede Gelegenheit nutzt, Ihnen zu folgen und das Leckerchen zu bekommen.

Hörzeichen: „Bello, bleib“
Sichtzeichen: Zeigen Sie ihm Zeige- und Mittelfinger Ihrer Handrücken zu ihm als „V“, achten Sie darauf, dass er wirklich die Rückseite mit den Fingern nach oben (Richtung Himmel ☺) sieht, wenn die Hand Richtung Boden geht, könnte er es mit dem „Platz“-Sichtzeichen verwechseln.

Und so üben Sie es ein:

Rufen Sie Bello zu sich, z.B. mit „schau mal her" und belohnen Sie ihn dafür. Geben Sie ihm das Signal „sitz", loben Sie ihn ruhig und belohnen Sie ihn. Geben Sie das Hör- und Sichtzeichen „Bello, bleib" und machen Sie einen Schritt nach hinten. Sollte selbst das schon zu viel sein, machen Sie nur einen Wiegeschritt. Loben Sie ihn, wenn Sie wieder ruhig stehen, geben Sie ihm ein Leckerchen und wiederholen Sie Übung. Dann lösen Sie das Signal auf. Nach einer kurzen Pause wiederholen Sie die Übung. So lernt Bello, dass Sie sich ein bisschen von ihm wegbewegen, aber gleich wiederkommen und es lohnt sich für ihn. Am Anfang gehen Sie immer mit dem Gesicht zu Bello, also rückwärts weg. Wenn Bello mit 50 Schritten Entfernung gut klar kommt, bauen Sie das ganze noch einmal von vorne auf, indem Sie sich umdrehen. Beachten Sie dabei, dass das ein großer Unterschied für Bello ist, Sie müssen also wieder mit einer ganz kurzen Distanz, am besten mit maximal 1-2 Schritten anfangen.

Bauen Sie ganz langsam die Entfernung auf, z.B.
1. Stufe: jeden Tag 1 Schritt mehr bis Sie bei 10 Schritten sind
2. Stufe: jeden Tag 2 Schritte mehr, bis Sie bei 20 Schritten sind
3. Stufe: jeden Tag 5 Schritte mehr, bis Sie bei 50 Schritten sind

Wenn Sie bei 30 Schritten sind, können Sie – damit es nicht so langweilig wird – kleine Ablenkungen einbauen, z.B. bleiben Sie stehen und wackeln mit Armen und Beinen, oder Sie gehen um einen Baum herum. Beim nächsten Mal bleiben Sie hinter dem Baum eine Sekunde stehen. Außerdem üben Sie „bleib" immer mal wieder in fremder Umgebung, aber so, dass es für Bello angenehm ist. Wenn es ihm leichter fällt mit einem Gegenstand von Ihnen auf seinem Platz zu bleiben, legen Sie ihm irgendetwas von sich hin, z.B. eine Jacke, eine Mütze oder eine Decke. Manche Hunde bleiben nicht gerne ohne etwas zum Kuscheln, sie bekommen immer eine Decke.

Wo und wann können Sie dieses Signal anwenden?
- Wenn Sie im Restaurant sind und kurz auf die Toilette oder zur Garderobe müssen und Bello soll nicht mitkommen. Denken Sie aber an die Auflösung beim Zurückkommen.
- Beim Training müssen Hunde manchmal warten, während der Trainer etwas mit Herrchen / Frauchen bespricht. Da ist ein gut eingeübtes „bleib" hilfreich.

- Für manche Arbeitshunde ist es ein nützliches Signal, da sie öfter mal irgendwo länger bei großer Ablenkung „bleiben" müssen.
- Wenn Sie sich für Mantrailing oder Apportieren entscheiden, kann das „Bleib" nützlich sein.

Nicht anwenden sollten Sie dieses Signal dann, wenn Bello sich bedroht fühlt oder unter großer Spannung steht. Kommt ihm etwa sein Lieblingsfeind entgegen und macht Anstalten, sich auf ihn zu stürzen, hat es keinen Sinn, wenn er dieses Signal hört. Er wird es nicht befolgen, sondern sich verteidigen. Ebenso können Sie nicht von ihm verlangen zu bleiben, wenn Kinder um ihn herumtoben, wenn der Verkehr an ihm vorbei braust, wenn Hunde um ihn rumlaufen. So etwas kann man in der Gruppe üben, aber im Ernstfall sollte man man sich gut überlegen, ob ein „Bleib"-Signal wirklich angebracht ist. Auch Welpen brauchen dieses Signal noch nicht. Für den Alltag ist „bleib" sicher nicht so wichtig wie „warte", es ist aber trotzdem gut, wenn Sie es mit Ihrem Hund einüben, weil Ihr Hund dadurch Konzentration auf eine längere Aufgabe lernt und außerdem mitbekommt: Frauchen / Herrchen geht zwar weg, kommt aber immer wieder zurück und das ist völlig in Ordnung.

Bello, bei Fuß oder Bello, dableiben

Das Signal „bei Fuß" oder „dableiben" benötigen Sie, wenn Bello eine kurze Strecke von max. 50 Metern neben Ihnen gehen soll. Bello soll ruhig auf der angegebenen Seite neben Ihnen herlaufen, bis Sie ihm sagen, dass er weitergehen darf.

- „Bei Fuß" wird rechts und links eingeübt.
- Dies ist eines der schwierigsten Signale überhaupt, deshalb sollten Sie es nie überstrapazieren. Ihr Hund
  * muss sich sehr stark konzentrieren
  * sich Ihrem Tempo anpassen
  * sehr nahe neben Ihnen gehen und damit seine und Ihre Individualdistanz dauerhaft unterschreiten
  * er muss auf Sie und auf seinen Weg achten. Denken Sie deshalb daran, dass er mit Ihnen gut an Hindernissen vorbeikommt und nicht gegen einen Baum rennt oder in ein Loch fällt.
- Nehmen Sie kein zu attraktives Leckerchen, weil Bello sonst nur das Leckerchen sieht und sich nicht auf die Übung konzentriert.

Hörzeichen: „Bello, bei Fuß!" oder „Bello, dableiben!"
Sichtzeichen: Klopfen mit der Hand auf den Oberschenkel an der gewünschten Seite.

Bei Fuß

Und so üben Sie es ein:

Rufen Sie Bello zu sich, z.B. mit „schau mal her", führen Sie ihn gleich auf die richtige Seite und geben Sie ein Leckerchen fürs Herankommen. Sie nehmen ein Leckerchen in die Hand, klopfen Sie mit der flachen Hand auf den Oberschenkel, sagen „Bello, bei Fuß" und gehen los. Loben Sie ihn, wenn er mitkommt. Nach ein paar Metern bleiben Sie stehen, geben ihm das Leckerchen, loben ihn und wiederholen das Ganze. Nach 3-4 Wiederholungen bleiben Sie stehen, loben ihn und lösen das Signal auf.

Gehen Sie immer mit einer minimalen Drehung von ihm weg, so wird er aufmerksam, kann Ihnen unkompliziert nachfolgen und Sie vermeiden, dass Sie ihm auf die Füße treten. Erhöhen Sie anfangs die Distanz, die Sie gehen, sehr langsam, dann machen Sie die Abstände zwischen den Leckerchen länger und schließlich bekommt er nur noch eins bei der Auflösung.

Wo und wann können Sie dieses Kommando anwenden?

- Wenn Sie eine Straße überqueren müssen, die sehr befahren ist, und Ihr Hund soll nur einen Moment bei Ihnen bleiben

- wenn etwas von vorne kommt und Bello soll nicht hingehen, z.B. ein Behinderter, eine Frau mit Kinderwagen, ein Mensch, der Angst vor Hunden hat ... Achten Sie dann aber immer darauf, dass Sie einen leichten Bogen gehen und zwischen Bello und dem Entgegenkommenden sind. Im Zweifelsfall nehmen Sie Ihren Hund lieber an die Leine und gehen ohne „Bei Fuß"-Kommando vorbei.

Nicht anwenden sollten Sie dieses Kommando dann, wenn Bello sich bedroht fühlt oder unter großer Spannung steht. Kommt ihm etwa sein Lieblingsfeind entgegen und macht Anstalten, sich auf ihn zu stürzen, hat es keinen Sinn, wenn er dieses Kommando hört. Er wird es nicht befolgen, sondern sich verteidigen. Ebenso erübrigt es sich, wenn Sie Ihrem Freund beigebracht haben, dass man ganz locker ausweichen und an Menschen und Hunden ohne Aufregung vorbeigehen kann. Dann brauchen Sie überhaupt keine Anweisung, denn er hat verstanden, um was es geht.

2.2.5. An lockerer Leine

In diesem Kapitel geht es ausschließlich darum, wie Sie einem Welpen oder fröhlichen Junghund Leinenführigkeit beibringen. Leinenführigkeitstraining für Hunde, die schon lange und sehr stark ziehen, ist ein Thema, das man ausführlich und gründlich behandeln kann. Es würde den Rahmen dieses Buches sprengen.

Alle Hunde müssen lernen an der Leine zu laufen, denn für Leinenführigkeit gibt es keine genetische Veranlagung. Für Hunde ist es nicht normal, dass man sich gegenseitig ein Brustgeschirr umlegt und sich an einem Strick fixiert. Hunde tun sowas nicht. Das ist u.a. ein Grund, warum für Hunde Leinenführigkeit nicht so einfach ist. Es gibt viele Situationen im Leben, wo Sie ohne Leine nicht klar kommen: an befahrenen Straßen, im Wald, wenn Sie eine läufige Hündin haben, wenn sich Hunde kennenlernen sollen und unsicher bei Hundebegegnungen sind ... Die Leine gibt Ihnen und ihm ein Stück Sicherheit, sie kann Symbol dafür sein, dass Sie für ihn sorgen und auf ihn achten. Sie ist nicht dazu da, dass Sie mit angeleintem Hund durch die Welt düsen und sich um nichts mehr kümmern müssen. Und sie ist kein Mittel zur „Korrektur" für angebliches Fehlverhalten.

Dazu kommt, dass die Gegenden gerade im städtischen Bereich, in denen Hunde frei laufen dürfen, immer stärker eingeschränkt werden. Natürlich müssen alle Kommunen Freilaufgebiete ausweisen, aber häufig beschränken sich diese auf eine mehr oder minder große, eingezäunte Wiese. Im Rest ihres Umfeldes müssen die Hunde dann per Verordnung an der Leine geführt werden.

Jetzt kommt kein Hund auf die Welt, um als Zugmaschine durchs Leben zu laufen. Ganz im Gegenteil. Auch Hunde laufen deutlich lieber mit ihrem Menschen mit, wenn die Leine locker ist. Warum ziehen dann so viele Hunde? Die Antwort ist sehr einfach: weil wir ihnen das so beibringen. Leider.

Es gibt einige Regeln, die immer und überall gelten, wenn **Sie** Ihrer Pelznase das lockere Laufen an der Leine angewöhnen möchten:

1. Es ist grundsätzlich verboten, an der Leine zu ziehen, auch und vor allem für Sie! Wenn Sie sich angewöhnen, Ihren Bello an der Leine zu sich zu ziehen oder ihn weiterschleifen, wenn er mal gerade irgendwo schnüffelt, dann sollten Sie sich nicht wundern, wenn auch Ihr Bello an der Leine zieht. Gleiches Recht für alle.
2. Wenn Sie stehenbleiben, um z.B. mit Ihrer Nachbarin ein paar Worte zu wechseln und Bello zerrt irgendwohin: bleiben Sie stehen wie ein Baum. Wenn Sie ihm nachgeben, lernt er nur: ziehen ist normal. Wenn die Leine von Bello gelockert wird, loben Sie ihn mit ruhiger Stimme. Allerdings sollten Sie darauf achten, dass er vielleicht gerade dringend mal Pippi muss und einfach nicht stundenlang ruhig warten kann, bis Sie mit der Nachbarin fertig sind.
3. Menschen haben so gut wie nie, Hunde haben ihr ganzes Leben lang Zeit. In dieser Hinsicht könnten wir von Hunden viel lernen. Leider sieht man immer wieder, dass Hunde im Eiltempo an der Leine durch die Gegend geschleudert werden und im besten Fall zum Pinkeln oder Schnüffeln kommen, wenn sie ganz ausdrücklich an der Leine ziehen. Noch dazu setzt sie dieses Gerenne extrem unter Stress, dadurch wird das Ziehen wieder verstärkt. Richtig wäre es, die menschliche und hundliche Geschwindigkeit aufeinander abzustimmen und das bedeutet in erster Linie: langsamer gehen, auch und vor allem mit jungen Hunden.
4. Manchmal haben es sogar Hunde eilig. Leider werden dann nicht nur die Hunde schneller, sondern auch ihre Menschen, die hinten dran hängen. Also lernt die Pelznase: wenn ich es eilig habe, muss ich nur Gas geben, mein Mensch findet das richtig. Wenn Sie möchten, dass Ihr kleiner Freund vernünftig mit Ihnen läuft, müssen Sie jetzt langsa-

mer werden. Nur so versteht er, dass rasantes Durch-die-Gegend-rasen nicht angesagt ist. Ein wichtiger Zeitpunkt ist der Moment, wenn Sie mit Ihrem angeleinten Bello aus der Haustüre treten und eben nicht sofort losstürmen, sondern erstmal in Ruhe stehen bleiben, die Türe schließen, den Schlüssel verstauen und dann in aller Ruhe losgehen. Ebenso sollten Sie an allen Stationen, die irgendwie besonders sind, ruhig stehen bleiben und Bello die Gelegenheit geben, alles zu registrieren: Sie kommen vom Wald auf die Wiese, vom Park auf die Straße, Sie biegen von einer unbelebten in eine belebte Straße ein, es kommen viele Menschen auf Sie zu ... egal. Sowie etwas hektischer, aufgeregter oder auch nur einfach anders wird, bleiben Sie stehen und betrachten es in aller Ruhe. So lernt er, dass man nicht wie angestochen durch die Gegend rennt, sondern sich gelassen mit ungewöhnlichen Situationen auseinandersetzt.

5. Egal wie eilig Sie es haben: auch nicht „nur heute" ist ziehen an der Leine zulässig. Sonst lernt er nie, was Sie wirklich möchten.
6. Jeder Hund wird immer einfach mal so und ohne erkennbaren Grund an- und wieder abgeleint, und zwar von Anfang an. Wer seinen Hund die ersten Wochen und Monate ohne Leine laufen lässt, ihn nur noch anleint, wenn er selbständig die Welt erkunden möchte, macht aus der Leine ein Strafinstrument und sollte sich nicht wundern, wenn Bello nicht gerne an der Leine läuft.
7. Ebenso muss jeder Hund von Anfang an Freilauf kennen. Wer seinen jungen Hund nie von der Leine lässt, sollte sich nicht wundern, wenn er ihn auf einmal nicht mehr abrufen kann und wenn er außerdem zu schlechten Leinenführigkeit neigt. Es gibt Gründe, manche Hunde dauerhaft an der Leine zu führen. Diese gelten in den allerwenigsten Fällen von Anfang an. Also: machen Sie gerade bei Welpen die Leine ab und bringen Sie ihm bei, problemlos mitzukommen.
8. Wenn die Leine zu kurz ist, muss Ihr Hund ziehen. Sorgen Sie also dafür, dass er immer genügend Freiraum an der Leine hat, dann ist es nicht so schlimm, wenn die Leine mal kürzer gehalten werden muss. Ebenso gehen die meisten Hunde besser am Brustgeschirr, weil sie ein Halsband unangenehm finden. (s. Brustgeschirr und lange Leine).
9. Für die Leinenführigkeit gibt es kein Signal. „Bei Fuß"-Gehen hat nichts mit Leinenführigkeit zu tun. Das ist ein Signal, das man mal für wenige Meter braucht, um z.B. über eine Kreuzung zu gehen. Sie können nicht erwarten, dass Ihr Freund stundenlang neben Ihrem Knie herläuft und dann auch noch findet, das sei ein netter Spaziergang.

10. Selbst wenn der Hund noch so klein ist, halten viele Menschen die Leine, als hätten sie einen Flugzeugträger am Strick. In der einen Hand ist die Schlaufe, die andere Hand hält die Leine fest umklammert und der Mensch lehnt sich nach hinten – selbst wenn der erwartete Zug von einem Chihuahua kommt. Nicht nur, dass Sie damit Ihrem Bello verdeutlichen, dass Sie eigentlich gar nicht so nahe bei ihm sein möchten – warum sonst sollten Sie sich wegdrehen von ihm? -, Sie übertragen mit Ihrem Körper so viel Spannung, dass Bello gar nicht anders kann als zu ziehen. Er möchte nur weg von dieser Spannung, von der er nicht weiß, wo sie ihre Ursache hat. Halten Sie also die Leine locker und machen Sie kein Problem draus, dann wirds auch keins.

Und schließlich: es gibt Momente, da ziehen Hunde an der Leine: z.B.morgens, wenn sie es eilig haben zum Pippimachen oder wenn sie sich einfach zu toll auf einen Spaziergang freuen. Wenn es Ihnen möglich ist, läuft Ihr Hund die ersten Schritte immer frei, wenn nicht, dann sorgen Sie bitte mit Ihrer Ruhe und Gelassenheit dafür, dass er sich nicht allzu sehr hochpuscht. Je geduldiger und ruhiger Sie sind, um so leichter wird er es lernen und die Leine wird für Mensch und Hund ein freundlicher Alltagsgegenstand, der bestimmte Freiheiten garantiert und Ihren Hund absichert.

Es gibt also viele Gründe, warum ein Hund zieht. Nur der Hund selber ist niemals die Ursache sondern immer der dazugehörige Mensch.

2.2.6. Das Kommunikative Spazierengehen

Der tägliche Spaziergang ist ein wichtiges Ereignis im Leben jeden Hundes. Er kommt raus an die frische Luft, sieht mal was anderes als die eigene Wohnung und den eigenen Garten. Er trifft Hundekumpel oder kann doch an ihren Spuren schnuppern, vielleicht ergibt sich die Gelegenheit zu einem Spiel mit Freunden, vielleicht kann er ein Mauseloch ausbuddeln. Auf alle Fälle freuen sich alle Hunde, wenn Herrchen oder Frauchen die Leine in die Hand nimmt und die Vorbereitungen zum Spaziergang trifft. Aber wie sieht dann oft die Wirklichkeit aus? Herrchen und Frauchen haben eigentlich gar keine Zeit und / oder keine Lust, weil es kalt ist und regnet, oder weil sie lieber die neue Feierabendserie ansehen würden oder weil Besuch zu Hause sitzt oder der Hundegang nur eine lästige Pflicht ist oder oder oder ...

Es ist ein großer Unterschied, ob Sie mit einem Welpen, einem Junghund, einem jungen Erwachsenen oder einem Senior spazierengehen. Eine trächtige Hündin ist anders unterwegs als eine läufige, ein kastrierter Rüde anders als ein unkastrierter, der sich für die Mädels sehr stark interessiert. Aber einiges kann man doch auf einen Nenner bringen. Da wir uns hier hauptsächlich mit der Erziehung junger Hunde befassen, finden Sie im letzten Teil ein eigenes Kapitel „Spazierengehen – Spielen – Pausen".

Wer sich nicht sicher ist, dass er mit seinem Hund wirklich jeden Tag 2- 3 Spaziergänge in Ruhe machen kann, der sollte sich ernsthaft überlegen, was ein Hund denn bei ihm soll. Nur auf dem Hof rumlungern ein ganzes Leben lang, ist wahrlich keine Garantie für ein erfülltes Hundeleben. Aber auch wenn der Spaziergang **so** aussieht, ist es nicht unbedingt das, wovon Hunde träumen:

- jeden Tag wird eine Stunde stramm Fahrrad gefahren und der Hund läuft angeleint daneben. Zweimal am Tag wird eine immer gleiche Runde an der Leine gedreht, damit der Hund sein „Geschäft" erledigen kann, dann gehts wieder heim.
- Zwar kommt der Hund regelmäßig 2-3 mal am Tag raus, aber eigentlich gehen sein Mensch und er nur zufällig den gleichen Weg. Der Mensch geht für sich und kümmert sich nicht um seinen Hund und der macht auch sein Ding alleine.
- Herrchen und Frauchen beschäftigen sich zwar mit ihm, aber eigentlich nur dann, wenn er was macht, was er nicht soll oder wenn sie ihm ein Signal geben wie „komm hierher", „komm an die Leine" oder ähnliches.

Aber auch diese Variante sieht man sehr oft: Mehrfach am Tag wird mindestens eine Stunde im Eiltempo absolviert, weil mensch ja gehört hat, dass hund „ausgelastet" werden muss, und dazu – denkt mensch – muss man „Strecke machen" und zwar mehrere Stunden täglich.

Stellen Sie sich vor, Sie besuchen Freunde und die schlagen Ihnen vor, nach dem Essen einen kleinen Verdauungsspaziergang zu machen. Sie sagen begeistert „ja" und dann passiert folgendes:

- Ihre Freunde rennen wie von der Tarantel gestochen durch die Gegend und Sie müssen sehen, dass Sie ihnen auf den Spuren bleiben, weil Sie sich leider nicht auskennen.
- Sie gehen jedesmal die gleiche Strecke, die Sie mittlerweile schon in- und auswendig kennen und es gibt keine Möglichkeit das zu ändern,

weil Ihre Freunde nur hier und sonst nirgends gehen wollen.

- Ihre Freunde reden nicht mit Ihnen, schauen Sie gar nicht an, wenn Sie ein Schaufenster oder sonst was ansehen wollen, gehen sie einfach weiter: sie tun so, als wären Sie Luft. Eigentlich könnten Sie genauso gut alleine gehen, dann könnten Sie wenigstens machen, was Sie wollen.
- Wenn Ihre Freunde Sie endlich mal ansprechen, dann nur um z.B. zu sagen: „wir gehen hier links" oder „ bleib stehen, die Ampel wird rot".
- Oder Ihre Freunde jagen Sie alle 2 Stunden vor die Tür, egal ob Sie möchten oder nicht, rennen mit Ihnen mindestens 1 Stunde durch die Gegend, wobei Sie so gut wie keine Zeit haben, sich mal in Ruhe was anzusehen. Und das Schlimmste ist, auch wenn Sie zuhause gerade was ganz anderes vorhaben, z.B. würden Sie gerne ein Nickerchen machen: Ihre Freunde zwingen Sie mitzukommen.

Können Sie sich vorstellen, dass diese Freundschaft von langer Dauer ist? Vermutlich eher nicht. Aber Sie können selber entscheiden, ob Sie dorthin fahren oder nicht. Ihr Hund kann nicht sagen: du kannst mich mal gerne haben, ich gehe allein spazieren oder bleibe lieber zu Hause.

Wenn Sie an der Leinenführigkeit Ihres Hundes arbeiten, dann haben Sie im Laufe des Trainings festgestellt, dass Sie von Ihrer Trainerin immer wieder darauf hingewiesen werden, dass Sie Ihren Hund auch einmal etwas „machen lassen" sollen, z.B. sagt sie zu Ihnen: „er möchte gerne schnüffeln" oder „lassen Sie ihn hinsehen" oder „jetzt machen wir eine kleine Pause. Wir lassen ihn mal Leckerchen suchen". Sie werden vielleicht dafür gelobt, weil Sie sich beim Gehen um Ihren Hund gekümmert haben, er durfte mal stehen bleiben und sich was genauer ansehen, Sie haben ihn angesprochen, auf seine Kontaktaufnahme reagiert, ihn zum richtigen Zeitpunkt bestätigt und das Ergebnis war, dass das Training nicht nur gut geklappt hat, sondern auch dass es Ihnen und Ihrem Hund Spaß gemacht hat.

Wir haben gelernt, dass Spaß am Training eine der wichtigsten Voraussetzungen ist, um es effektiv zu gestalten. Und diese Erkenntnis setzen wir jetzt auf unseren Spaziergängen um. Natürlich sollen Sie nicht pausenlos Ihren Hund mit irgendwelchen Aktivitäten nerven. Er möchte in Ruhe schnüffeln, sein Geschäft erledigen und mit anderen Hunden kommunizieren. Vielleicht will er auch mal einfach so eine Strecke für sich laufen, aber wenn Sie aufmerksam sind, werden Sie merken, dass er immer wieder zu Ihnen hinsieht – außer Sie haben es ihm bereits abgewöhnt, weil

Sie nie darauf reagiert haben. Das sollten Sie dann so schnell wie möglich ändern, so dass zwischen Ihnen und Ihrem Hund immer Kontakt besteht, auch wenn er mal etwas weiter von Ihnen entfernt ist.

Leckerchensuche und Balancieren

Wenn Hunde gemeinsam unterwegs sind, dann unterhalten sie sich nicht wie Menschen, sondern sie kommunizieren über Blick- und Körperkontakt. Sie haben immer im Auge, wo ihre Freunde sind, sehr gute Freunde laufen auch mal ganz nah mit Körperkontakt ein Stück des Weges, oder man stupst sich kurz mit der Schnauze an. Wenn der Kumpel hersieht, wird mit dem Schwanz gewedelt ... Das sind alles Signale, die sogar uns Menschen auffallen, aber häufig läuft diese Art der Kommunikation so subtil und unauffällig ab, dass die meisten Menschen die entscheidenden Botschaften nicht mitbekommen. Wenn Sie darauf achten, wie oft Menschen die freundliche Kontaktaufnahme ihrer Hunde übersehen, dann können Sie sich vorstellen, dass wir uns in ihren Augen fast asozial verhalten.

Eigentlich jeder Hund dreht sich immer wieder mal nach seinen Menschen um. Wenn Sie sich einfach darüber freuen, indem Sie zurück lächeln oder was freundliches zu ihm sagen, dann reicht das. Man kann sich mit seinem Hund auch unterhalten, ohne ihm pausenlos Anweisungen zu geben! Wenn Sie ihn allerdings nur mit Kommandos zuschütten und ihn ansonsten nicht beachten, dann wird er sehr schnell lernen, dass Ihre Nähe für ihn nicht wirklich angenehm ist und er wird sich anderweitig beschäftigen: Jogger und Häschen sind dann viel interessanter als Herrchen. Aber auch in Konfliktsituationen wird er nicht bei Ihnen um Hilfe nachfragen, sondern versuchen, das selbst zu lösen, vermutlich nicht immer in Ihrem Sinn.

Im Laufe eines Spaziergang kommt Ihr Hund bestimmt mal bei Ihnen vorbei und stupst Sie an oder streift an Ihnen entlang. Das heißt: „Wir haben es hier nett zusammen. Gefällt es dir auch?" Wenn Sie jetzt seine Berührung erwidern, ein freundliches Wort für ihn haben oder ihn zu einem kleinen Spiel auffordern, dann ist das genau richtig.

Wenn Sie mit Ihrem Hund an der Leine spazierengehen, dann ist die richtige Kommunikation noch viel wichtiger, weil Ihr Hund kann nicht weg, er muss in Ihrer Nähe bleiben, und das soll so angenehm wie möglich für ihn – und für Sie! – sein. Dazu müssen wir auch bedenken, dass Hunde anders durch die Welt laufen wie wir. Hunde müssen erst lernen, was Bürgersteige sind. Sie gehen zwar auch von A nach B, aber sie werden unterwegs von interessanten Gerüchen abgelenkt, eine spontane Hundebegegnung kann den Plan für diesen Rundgang bei einem Hund total über den Haufen werfen ... Das heißt ja nicht, dass wir Menschen uns auf einem Spaziergang nie ablenken lassen, aber wir behalten das Ziel doch eher im Auge als ein Hund, weil wir eben in zwei Stunden zum Arzt müssen, der Ehepartner von der Arbeit nach Hause kommt, abends Besuch angesagt ist, die Kinder von der Schule abgeholt werden müssen ... Menschen haben nun mal einen Terminkalender, Hunde nicht. Also müssen wir bei einem Leinenspaziergang einen Kompromiss finden, der die Interessen von Hund und Mensch berücksichtigt.

Wie kann jetzt ein schöner Spaziergang für beide aussehen? Fangen wir mit dem einfacheren an, mit dem Spaziergang ohne Leine. Zuerst einmal lassen Sie Ihren Hund laufen, damit er sich erleichtern kann. Planen Sie Ihre Strecken so, dass Sie ihn nicht genau dann jedesmal anleinen müssen, wenn er gerade sein großes Geschäft machen will. Damit gehen Sie ihm auf die Nerven, verständlicherweise. Beim normalen Morgen- und Abendspaziergang, der meistens 15 - 30 Minuten dauert, sollten Sie Ihr Tempo dem Ihres Hundes anpassen. Lassen Sie ihn schnüffeln, Pippi machen, eine geeignete Stelle für das große Geschäft suchen, wählen Sie die Strecke so, dass Sie ganz gemütlich laufen und Ihr Hund alle Dinge erledigen kann, die ihm morgens wichtig sind. Für ihn ist es von großer Bedeutung, dass er alle Stellen absucht, an denen die letzten 24 Stunden andere Hunde waren. Einer unserer Rüden musste nach einem bestimmten System alle

3-4 Wochen an sorgfältig ausgewählte Stellen hinkacken, das war enorm wichtig für ihn. Signale gibt es also nur dann, wenn sie unumgänglich sind.

Highlight eines Spaziergangs: wir gehen zur Badestelle

Beim Hauptspaziergang dürfen Sie sich schon was einfallen lassen, schließlich sollen Sie beide ja was Nettes erleben. Überlegen Sie sich, ob Sie heute mit Ihrem Hund etwas Besonderes vorhaben. Viele Hunde lieben die Verlorensuche und sind schon von Anfang an begeistert, wenn sie sehen, dass Sie ein Bringsel einstecken. Trotzdem fängt auch dieser Spaziergang erst einmal ganz ruhig an, so dass Ihr Hund in aller Ruhe sein großes und kleines Geschäft machen und schnüffeln kann. Dann machen Sie ein kleines Spiel mit ihm, z.B. lassen Sie ihn Leckerchen auf einer Wurzel suchen. Danach gehts wieder ein Stück weiter.

Wenn er sich angewöhnt, sehr weit voraus zu laufen – weil Sie sich früher nie um ihn gekümmert haben – müssen Sie zusehen, dass Sie diesen Kontakt wieder aufbauen. Bleiben Sie ab und zu ruhig stehen, sagen Sie gar nichts und warten Sie einfach, bis er wieder zu Ihnen kommt. Loben Sie ihn ruhig und freundlich, geben Sie ihm ein Leckerchen und gehen Sie zusammen weiter. Oder Sie bücken sich und tun so, als würden Sie am Wegesrand etwas suchen. Vielleicht sagen Sie etwas dazu, z.B. „oh, was ist denn da tolles!" und Sie werden sehen, wie er angesaust kommt, weil er neugierig geworden ist. Natürlich findet er dann auch etwas Feines.

Irgendwann bauen Sie „das große Spiel" ein, das kann z.B. Verlorensuche sein, die man langsam bis auf einige hundert Schritte ausbauen kann, das kann eine lustig aufgebaute Gehorsamsübung sein. Meine Kromis fanden es super bei mir „bei Fuß" zu gehen, einer links, einer rechts und auf Anweisung die Seite zu wechseln. Das kann ein Stöberspiel in der Wiese sein, wo Ihr Hund sein Spielzeug sucht, oder Sie balancieren mit ihm über einen Balken oder Sie haben vorher seinen Futterdummy versteckt und gehen mit ihm gemeinsam auf die Jagd, bei der er seinen Dummy findet und die Leckerchen zur Belohnung rausfressen darf ...

Lassen Sie sich was einfallen! Seien Sie kreativ und denken Sie daran: Hunde sind viel zu intelligent, um nur hinter einem Ball herzurennen! Einen Ball werfen kann auch ein Automat. Lassen Sie sich was einfallen, was kein Automat kann, auch kein anderer Mensch. Etwas, das nur Sie mit Ihrem Hund spielen und das Ihnen beiden Spaß macht!

An der Leine ist das schon etwas schwieriger. Einmal ist es komplizierter, geeignete Spiele zu finden, zum anderen sind Menschen oft viel zu ungeduldig, weil Hunde stehenbleiben und schnüffeln wollen. Früher bin ich manchmal mit meinem Hund zu Fuß zu meiner Freundin gegangen, das war für ihn dann zu fast 90 % Laufen an der Leine. Das hat er genossen, weil wir uns viel Zeit gelassen haben. Mir war es egal, ob ich eine Stunde oder länger unterwegs war und er fand es großartig. Allerdings muss man eines beachten, damit er einen Leinenspaziergang gut findet: nicht jedesmal, wenn er stehenbleibt, sage ich: „wir gehen weiter!". Sie können das noch so lieblich säuseln, wenn er nie schnüffeln darf, findet er Sie nur noch doof. Also bleiben Sie stehen, lassen Sie ihn schnüffeln und lassen Sie ihm dazu so viel Zeit, wie er eben braucht. Wenn Sie viel mit Ihrem Hund an der Leine laufen müssen, sollten Sie trotzdem auch hier ab und zu ein Spiel einbauen, das kann dann z.B. ein Rennspiel sein: wie schnell sind wir beim übernächsten Baum in der Allee? Oder Ihr Hund lernt, Bäume zu schubsen, das geht mit und ohne Leine. Oder Ihr Hund macht eine Bleib-Übung, während Sie Leckerchen auf einem umgestürzten Baum verteilen, die Sie dann gemeinsam mit ihm suchen. Es entfallen natürlich alle Spiele, bei denen Ihr Hund weiter als 3 Meter von Ihnen weggeht. Aber trotzdem kann man sich auch an der Leine viele nette Spiele ausdenken, die für beide Seiten unterhaltsam sind.

Eine wunderbare Variante, die uns viel über unsere Hund lehrt, ist es, wenn Sie einfach Ihren kleinen Freund die Route bestimmen lassen. Für manche Hunde ist es enorm wichtig, dass sie das dürfen, anderen ist es eher egal.

Aber wir lernen eine Menge über sie. Geht er lieber durchs Wohngebiet oder zur Badestelle? Möchte er seine Kumpel besuchen oder hat er mit einem Hund in der nächsten Straße noch eine Rechnung offen? Nein, wir lassen nicht zu, dass diese beglichen wird und mitten im Winter hopsen wir auch nicht in den See. Das sollten Sie aber in den Griff kriegen. Manchmal wird der Spaziergang dann länger, als Sie vorhatten. Schlimm? Ich finde nicht. Denn oft zeigen uns die Hunde auch Dinge, die wir so nicht bemerkt hätten. Denn wenn wir aufmerksam mitlaufen, entdecken wir viel, an dem wir sonst vorbei gelaufen wären. Hier schaut ein Maulwurf aus seinem Haufen, dort läuft eine interessante Wildspur, die befahrene Straße meidet Susi lieber, dafür liebt Bello belebte Plätze. Vor allem lernen wir dann, dass Hunde ruhig und gemächlich durch die Welt laufen. Denn die ganzen Düfte und Eindrücke, die man dringend untersuchen muss, kann kein Hund im D-Zugtempo aufnehmen. Dazu braucht man Zeit.

Noch ein paar Worte zum Thema „Strecke machen“. Für viele Menschen ist es enorm wichtig, welche Strecke sie in welcher Zeit zurückgelegt haben. Jogger und Marathonläufer sind da besonders prädestiniert. Wenn Sie also eine Art Sport betreiben, wo diese Art von Leistung gefragt ist, dann sollten Sie sich darüber klar werden, dass Hunde das ein wenig anders sehen und lieber auf Erkundung interessiert sind als an Rekorden. Auch Ihnen schadet es nicht, wenn Sie beim täglichen Spaziergang ein wenig zur Ruhe kommen und anfangen, die Welt mal in etwas langsamerem Tempo zu betrachten. Das kann man ganz einfach anfangen. Man geht mit seinem Hund auf einem Weg, über eine Wiese oder einen Acker, wo man ganz ungestört ist. Vielleicht ist ein Bach oder ein See in der Nähe, vielleicht stehen im Spätsommer Reste von ungemähtem Gras rum, vielleicht gibt es interessante Waldkanten. Vielleicht kennen Sie ein eingezäuntes Grundstück, um das sich niemand kümmert, auf dem sich Schuppen oder Ruinen befinden, natürlich sollte das Gelände einigermaßen sicher sein. Es spielt keine Rolle, ob es Ihnen gefällt oder nicht, die Frage ist: was macht Ihr Hund?

Die meisten Hunde finden solche Gelände großartig. Wenn es irgendwie geht, dann machen Sie die Leine ab und lassen Sie ihn einfach mal alles in aller Ruhe erkunden. Beobachten Sie ihn, was er gerade macht, was ihn da so interessiert, warum er etwas anderes nicht beachtet ... Sie können sicher sein, das ist einer der spannendsten Ausflüge, die Sie mit Ihrem Freund je gemacht haben.

Selbstverständlich können Sie das auch auf einen Spaziergang anwenden. Bleiben Sie immer stehen, wenn er etwas anschnuppern oder ansehen möchte, egal ob es sich um ein Stück Hundekot oder ein vorbeifahrendes Auto oder eine besonders wichtige Straßenecke handelt. Warum riecht er ausgerechnet hier? Könnte hier eine läufige Hündin gewesen sein, ein Feind, ein Hase oder was sonst? Lassen Sie sich ruhig darauf ein. Es ist eine große Bereicherung für Ihre Beziehung.

Und denken Sie daran: eine Stunde spazierengehen heißt nicht: Action und Dauerpower! Sie sollen Ihren Hund nicht verrückt machen, sondern mit ihm **„kommunikativ spazierengehen"**. Denn das ist das Zauberwort: **Kommunikatives Spazierengehen**. Auch wenn Sie ansonsten viel mit ihm unternehmen, Nasenarbeit, mit ihm Baden gehen, Tricks üben: die Kommunikation auf dem Spaziergang ist unerlässlich für eine gute Bindung zwischen Ihnen und Ihrem Hund. Also übersehen Sie Ihren Hund nicht, wenn er zu Ihnen kommt, nach Ihnen schaut, Kontakt aufnimmt, einen Vorschlag für einen neuen Weg macht. Freuen Sie sich mit ihm, über den gelungenen Spaziergang, den Spaß, den Sie beide an den Spielen haben, über den schönen Weg, einfach an allem, was einen gelungen Spaziergang ausmacht. Dann wird der Spaziergang zu dem, was er sein soll: eine Verschnaufpause im Alltag und ein schönes Erlebnis mit ihrem Hund.

3. Was Sie sonst noch wissen sollten

Im folgenden können Sie über einige Themen nachlesen, die Hundebesitzer nach meiner Erfahrung beschäftigen. Da geht es um Dinge wie Impfen und Betteln, aber auch so Grundsätzliches wie „Warum Strafe nichts bringt" oder Kastration. Die Auflistung ist sicher nicht vollständig, das kann sie überhaupt nicht sein. Es geht vor allem darum, dass Sie die wichtigsten Themen kennen lernen, die gerade für Ersthundebesitzer von Bedeutung, aber auch für alle anderen wichtig sind.

3.1. Beschwichtigungssignale

Beschwichtigungssignale sind ein sehr wichtiger Bestandteil der hundlichen Kommunikation. Man kann sie auch als Höflichkeitsgesten und / oder Konfliktlösungssignale bezeichnen. Sie sollen dem Gegenüber vermitteln, wie ein Hund sich fühlt, ob er verstanden hat, was der andere ihm mitteilt und auch wie er die momentane Situation lösen möchte. Stellen Sie sich vor, wie sich höfliche Hunde begrüßen: die Hunde laufen locker aufeinander zu, werden umso langsamer, je näher sie sich kommen und gehen einen kleinen Bogen. Sie blicken sich nicht direkt in die Augen, sondern aneinander vorbei und wedeln leicht und entspannt mit der Rute. Das signalisiert dem anderen, dass alles in Ordnung und eine freundliche Annäherung möglich ist.

Ein unsicherer Hund, der bedrängt wird, schleckt sich kurz über die Lippen, sieht weg, duckt sich ab, er tut alles, um sein Unwohlsein mitzuteilen. Viele Menschen gehen auf diese Signale nicht ein, da sie sie entweder nicht sehen oder nicht verstehen oder weil sie der Meinung sind, dass sie sich nicht darum kümmern müssen. Das kann ein schwerer Fehler sein. Wer sieht, dass sein Hund diese Signale zeigt, sollte unbedingt feststellen, warum er beschwichtigt und dann entsprechend reagieren oder vorbeugen. Dazu reicht u.U. ein kurzes Kontrollieren der Situation oder ein Ausweichen, vielleicht ist es auch gut, den Hund ganz aus der Situation zu nehmen. Aber in den meisten Fällen, wollen die Hunde uns nur auf etwas aufmerksam machen und erwarten von uns eine Entscheidung oder Klärung der Situation. Wenn wir das nicht tun, aus welchem Grund auch immer, versagen wir auf der ganzen Linie als Führungsperson, denn der

Hund muss dann allein entscheiden, ist meistens überfordert und tut auch nicht unbedingt das, was in unserem Sinn gut wäre.

Wenn Ihr Hund sich bedrängt fühlt, z.B. von Ihrem Nachbarn, der sich immer über ihn beugt und ihn aufdringlich betatscht, und Sie lassen das zu, obwohl Bello mit allem, was er hat zeigt, dass er das nicht möchte, versucht er vielleicht wegzugehen. Wenn Sie ihn daran hindern und das Bedrängen nicht aufhört, versucht er, den Nachbarn abzuwehren, indem er in anbellt oder anknurrt. Aus Unverständnis wird das häufig als unangemessene Aggression verboten und der Hund wird weiter bedrängt. Wenn Sie das oft genug durchziehen und die friedlichen Signale Ihres Hundes nie Beachtung finden und er sich weder wehren noch entfernen darf, wird er irgendwann rabiater werden und womöglich schnappen. Das geschieht nie einfach so, sondern hat immer einen konkreten Hintergrund so wie in der geschilderten Situation. Wenn Sie allerdings Ihren Hund rechtzeitig vor Ihrem übergriffigen Nachbarn retten und Bello merkt, dass Sie auch auf leise Signale reagieren, wird er sich auf Sie verlassen, dass Sie ihm helfen, und außerdem weiß er, dass Sie seine sanfte Kommunikation verstehen.

Die Kenntnis von Beschwichtigungssignalen ist unabdingbar, wenn wir unsere Hunde richtig verstehen wollen. Deshalb empfehle ich allen meinen Kunden dringend die Lektüre des Buches „Calming Signals – Die Beschwichtigungssignale der Hunde" von Turid Rugaas.

3.2. Zombies, Ufos und andere Schreckgespenster

Gerade ein junger Hund entdeckt immer mal wieder etwas Neues, und nicht immer ist das Neue so, dass er begeistert ist. Denn die Welt ist voller Gefahren. Ein wichtiger Bestandteil Ihrer Erzieherrolle ist das Erkennen, wann und warum er sich fürchtet. Sie gehen z.B. jeden Tag an einem Grundstück vorbei, bei dem die Mülltonnen direkt hinterm Zaun stehen. Eines Tages sind sie aber schon auf der Straße für die Müllabfuhr. Sie denken sich gar nichts dabei, denn Sie wissen, was das bedeutet. Ihre Pelznase hat aber den Kalender der Müllabfuhr nicht im Kopf. Für ihn steht da plötzlich ein Monster mitten im Weg, das bislang regungslos hinter dem Zaun stand. Dass jemand anders die Tonne rausgefahren hat und dass die ruhig stehen bleibt, bis sie geleert und wieder an ihren Platz gebracht wird, ist ihm unbekannt.

Alles, was sich verändert, besonders, wenn der Kleine damit überraschend konfrontiert wird, kann aber gefährlich sein. Also bleibt er mit allen Anzeichen der Unruhe und Verunsicherung stehen: Schwanz eingeklemmt, Ohren nach hinten, der Körper abgeduckt mit eindeutigen Fluchttendenzen. Wenn Sie ihn jetzt weiter ziehen oder gar auslachen, nach dem Motto: „hab dich nicht so, ist doch nur eine Mülltonne" schaffen Sie eine hervorragende Grundlage dafür, dass er Ihnen im weiteren Leben nicht mehr zutraut, mit potentiellen Gefahren fertig zu werden. Ihre Aufgabe ist es ihm zu zeigen, dass die Mülltonne nicht zum Zombie mutiert ist, sondern heute mal wo anders steht und deshalb nicht gefährlicher ist. Sie gehen also ruhig hin, lassen Sie die Leine ganz locker, legen so nebenbei Ihre Hand an die Tonne und drehen Sie ihr den Rücken zu. Dabei sagen Sie nichts. Wenn Sie als sein großes Vorbild die Tonne für so harmlos halten, dass Sie ihr den Rücken zukehren können, kann er mal vorsichtig hin schleichen und selber nachsehen. Vielleicht möchte er die Tonne auch aus einiger Entfernung kontrollieren – seine Entscheidung. Beobachten Sie ihn ganz ruhig, sagen Sie nichts und gehen Sie mit ihm weiter, wenn er fertig ist.

Warum sollen Sie ihn nicht großartig loben und belohnen? Weil der Tonne sonst eine Bedeutung beigemessen wird, die ihr einfach nicht zukommt. Wir wollen Mülltonnen hier nicht schlechter machen als sie sind, aber an ihnen ab und zu vorbei zu spazieren ist eine ganz normale Sache, die man nicht weiter erwähnen muss. Wenn Sie ihn jetzt großartig dafür belohnen, dass er die Tonne angesehen hat, kann durchaus passieren, dass er Tonnen zukünftig als uneinschätzbare Gefahrenquellen einstuft, da Sie ja sonst nicht so einen Zirkus machen würden. Wenn Sie glauben, dass ich übertreibe, dann überdenken Sie einmal folgende Geschichte, die ich genauso in meiner Hundeschule erlebt habe. Ein Ehepaar mit einem ca. 3 Jahre alten Rüden machte bei mir Trainingsurlaub, weil sich der Hund vor allem und jedem fürchtete. Sie hatten eine unserer Wohnungen gemietet, die über eine Außentreppe erreichbar sind und im 1. Stock liegen. Als der Rüde einfach so die Treppe hinaufging, verfiel sein Frauchen in einen wahren Begeisterungstaumel und lobte ihn in den höchsten Tönen. Das hatten sie auf Anraten einer Kollegin immer so gemacht, wenn er etwas neues ausprobieren wollte. Nur verstand dieser Hund das leider vollkommen falsch. Anstatt ihm einfach Zeit zu lassen und als ruhiger Beistand bei ihm zu bleiben, solange er neue Dinge erkundete, wurde er in viele, für ihn undurchschaubare Situationen gebracht und für jeden Pups gelobt. Daraus schloss er, dass die Welt unglaublich gefährlich sei, da niemand ihm tatsächlich klar machen konnte, was jetzt gefährlich ist und was nicht. Nachdem seine Menschen einsichtig waren und wir ein gutes Training absolviert haben, hat sich das schnell gelegt und heute ist er ein sicherer und souveräner Hund geworden.

Manche Hunde verstehen sehr schnell, dass ihr Mensch ihnen zeigt, wo eine Gefahr lauert und wo nicht. Wenn Sie merken, dass Bello sich sofort nach Ihnen umsieht und zu Ihnen kommt, wenn ihm etwas unheimlich ist: herzlichen Glückwunsch! Sie haben ihm wunderbar klar machen können, dass Sie zuständig sind für Probleme. Behalten Sie das in allen Situationen bei, die für ihn irgendwie schwierig sind, zeigen Sie ihm, dass Sie die Welt einschätzen können und ihn unbeschadet durch alle vermeintlichen Gefahren durch führen.

Machen Sie sich bitte klar, dass wir in Mitteleuropa in einer sehr friedlichen Welt leben. Die Wahrscheinlichkeit, dass Sie einem Terroranschlag zum Opfer fallen, ist ca. 20.000 (zwanzigtausend) Mal niedriger, als bei einem Autounfall ums Leben zu kommen. Dass Sie bei einem Autounfall Ihr Leben lassen, ist allerdings auch eher unwahrscheinlich. Denn selbst wenn die Medien uns glauben machen, dass hinter der nächsten Ecke die Räuber und Mörder drohen, sollte Ihnen klar sein, dass Sie in einer der friedlichsten Gegenden weltweit leben. Es gibt also keinen Grund wegen Mülltonnen oder ähnlichen Objekten einen Hund in Angst und Schrecken zu versetzen. Haben Sie Verständnis dafür, dass er sich vor Dingen grault, die er – noch – nicht kennt, aber dann führen Sie ihn ruhig und gelassen hin und alles ist gut.

Es gibt Phasen im Leben eines Hundes, in denen dieses Erschrecken vor unbekannten Gegenständen und Situationen zunimmt. Das sind die sog. „spooky periods" oder Fremdelphasen, die ich bereits erwähnt habe. In diesen Zeiten, die 5 mal im Leben eines Hundes vorkommen und 1-3 Wochen dauern, sind die Hunde ängstlicher und unsicherer. Das erfüllt den Zweck, dass sie sich nicht in jede Situation hinein stürzen, sondern vorsichtiger werden. Dadurch lernen sie dann tatsächlich: was stellt eine Gefahr dar und was nicht. Und vor allem: wie gehe ich damit um. Erinnern Sie sich? Erziehung heißt: wie geht Leben. Ich zeig's dir, damit wir gemeinsam gut durch die Welt kommen, z.B. auch an vorbei Zombies, Ufos und anderen Schreckgespenstern.

3.3. Auf, auf, zum fröhlichen Jagen ...

Alle Hunde jagen, meine, Ihre, alle. Wenn das nicht so wäre, könnten wir niemals mit ihnen Ball spielen, keine Leckerchensuche oder andere Nasenarbeit betreiben, sie würden sich nicht für Mauselöcher oder auffliegende Vögel interessieren oder abends im Garten den Igel suchen und verbellen.

Ganz junge Welpen jagen so gut wie nicht, aber irgendwann fängt es an, ganz unbemerkt von ihren Besitzern. Da wird einem Blatt hinterher gehopst oder auch einem Schmetterling, ein Käfer wird eifrig verfolgt und mit der Pfote angetascht, und das sieht total niedlich aus. Und weil das so süß ist, spielt man mit ihm lauter Sachen, bei denen er seine Talente entwickeln kann: man zieht einen Zottel von ihm weg und freut sich, wenn er ihn erwischt, man rollt Bälle, die man irgendwann auch wirft, man baut das aus mit Futterdummys oder Frisbee, manch einer setzt die Reizangel ein, immer in der Annahme, das sei gut und lustig für ihn. Abgesehen davon, dass man Hunde definitiv nicht permanent bespaßen muss und dass Gasgeben und Bremsen beim Start und Ziel außerordentlich schlecht für die Gelenke sind und zudem alles sehr stressig ist, übt man so mit seinem Hund vor allem eins: renn ganz schnell hinter irgendwas her, was sich schnell von dir wegbewegt. Und dann kommt der Tag an dem der kleine Kerl seine Fähigkeiten anderweitig erprobt: an Joggern, Radfahren, Hasen, Rehen ... an allem eben, was ihm so über den Weg läuft.

Jede Fähigkeit, die ein Hund in seinem Leben benötigt, und dazu gehört nun mal der Nahrungserwerb = die Jagd, muss rechtzeitig gelernt und eingeübt werden. Das erfolgt natürlich spielerisch, dient dem Muskelaufbau und dem Training der Sinnesorgane. Im Gegensatz zu ihren wildlebenden Verwandten oder Streunerhunden bleibt für unsere Couchpotatoes die Jagd lebenslang nur ein Hobby. Das ändert aber nichts an der Leidenschaft, mit der sie manche betreiben. Nur können wir ihnen das ungebremst nicht zugestehen. Zum einen möchten wir nicht, dass jemand verletzt oder gar getötet wird. Der Radfahrer oder Jogger will unbelästigt von Bello seinen Bahnen ziehen. Hasen und Rehe haben ebenfalls ein Anrecht auf ihr Leben, sie sind nicht zur Unterhaltung unserer Hunde da. Zudem kann es für Bello richtig gefährlich werden, wenn er hinter allem einfach herrennt, was sich so durch die Lande bewegt. Er kann beim Überqueren einer Straße überfahren werden oder ein Jäger sieht ihn und knallt ihn ab. Falls er einen Unfall verursacht, sind Sie als Halter in der Pflicht. Wenn er nicht angeleint war, bekommen Sie vermutlich ernsthafte Probleme mit der Versicherung. Und was ist, wenn er von seinem Ausflug in den Wald zwar lebend zurück kommt, aber ein blutiges Maul hat? Wenn ein Hund einmal in seinem Leben erfolgreich gejagt hat, sprich, er hat tatsächlich ein Tier erwischt und evtl. sogar getötet, können Sie davon ausgehen, dass er das immer wieder möchte.

Ein realer Jagdvorgang in der Wildnis kann eine sehr lang andauernde Sache sein. Bis ein großes Tier ausgemacht wurde, das ein Wolfsrudel erlegen kann, können durchaus einige Tage vergehen. Das bedeutet, dass sie viel Zeit und Energie investieren. Deshalb müssen sie sicher sein, dass der aufwendigste Teil der Jagd, nämlich das Hetzen und Töten, zu 100% klappt. Wenn sie also losstürmen, um den Elch zu erlegen, mobilisiert zeitgleich der Körper alle Kräfte, die ihm zu Verfügung stehen. Damit das gut funktioniert, gibt es Stresshormone: alle verfügbare Energie wird freigesetzt, die Tiere sind voll fokussiert auf ihr Ziel, sie sind vollkommen schmerzunempfindlich und durch nichts ablenkbar. War die Jagd erfolgreich, legen sich die Wölfe – oder Kojoten oder Hunde – hin und fressen sich satt. Dann schlafen sie sich aus. Ein Hormonstoß von ca. 15 Minuten, den auch Ihr Hund erhält, wenn er einem Ball hinterher hetzt, braucht ca. 8 Stunden bis er verarbeitet ist, sprich die Hormone im Körper auf Normallevel abgebaut sind. Voraussetzung ist allerdings: es darf nichts dazu kommen: keine freudige Begrüßung, weil Frauchen heimkommt, kein Stress mit Nachbars Katze, keine läufige Hündin, die hofiert werden will ...

Je öfter und je länger Sie mit Ihrem Hund diese Art von Jagdspielen betreiben, umso gestresster wird er und umso mehr wird er zum Junkie, und das ist kein Witz. Jedes Lebewesen, das Stresshormone produziert, kann nach ihnen süchtig werden. Was glauben Sie, woher die Bezeichnung „Balljunkie" kommt? Das kann zu schlimmen Auswüchsen führen, zu asozialem Verhalten Ihres Hundes, zu Raufereien, weil ein anderer seinem Ball zu nahe gekommen ist – und zu nahe können da auch mal 100 Meter sein – und schließlich lernt er keine Impulskontrolle, d.h. er startet sofort durch, wenn der Auslöser kommt: der Ball, der Vogel, der Hase, das Auto, das Fahrrad ...

Selbst wenn Sie auf Ballspiele verzichten, besteht immer noch die Möglichkeit, dass er Hasen und Rehe zum Fressen gern hat und für sein Leben gern mit ihnen „spielt". Aber dann arbeiten Sie konkret an seinem Jagdverhalten und nicht mit einem extrem gestressten Hund. Es gibt viele Möglichkeiten, mit seinem Hund zu spielen. Bälle braucht man dazu nicht unbedingt.

3.4. Kennzeichnung

Tätowierung oder Täto-Chip?

In manchen Bundesländer müssen Sie Ihren Hund kennzeichnen, wenn er mindestens 20 Kilo wiegen, bzw. 40 Zentimeter hoch sein wird. Auch bestimmte Rassen müssen gekennzeichnet werden, bitte erkundigen Sie sich dazu genauer bei Ihrem Ordnungsamt.

Grundsätzlich sollte man sich darüber im Klaren sein, dass es sinnvoll ist, wenn ein Hund identifizierbar ist. Der Täto-Chip ist der Tätowierung eindeutig überlegen. Die Tätowierung ist im Ohr und sollte bereits bei Welpen erfolgen. Sie ist sehr schmerzhaft und bei vielen Hunden kann man sie nach einigen Jahren nicht mehr lesen. Der Chip ist für manche Hunde auch sehr unangenehm, aber lange nicht so unerfreulich wie die Tätowierung. Er wird an der linken Schulter unter die Haut gesetzt – ein kleiner Picks und vorbei ist die Sache.

Die Vorteile liegen auf der Hand. Mit dem Chip erhalten Sie eine Nummer und einen Code. Beides wird in den Impfausweis geklebt und dient bei Grenzübertritten oder bei Verlust des Hundes der Identifizierung. In manchen Ländern ist das Pflicht, wenn man einen Hund mit über die Grenze nehmen möchte. Wenn Sie jetzt auch noch Ihren Vierbeiner bei Tasso anmelden, können Sie sicherer sein, wenn er mal verloren geht. Sie melden Tasso, dass er abgängig ist und Tasso leitet die Suche ein. Wird Ihr Hund aufgegriffen, haben z.B. Tierheime ein Lesegerät, das den Chip auslesen kann. Sie können dann über Tasso abklären, wem der Hund gehört. Das erleichtert die Suche für Sie ungemein.

Tasso (www.tasso.net) ist eine gemeinnützige Organisation, die sich mit der Suche verloren gegangener Haustiere befasst. Die Mitgliedschaft ist freiwillig und kostet nichts. Sie bekommen bei Anmeldung Ihres Hundes eine Marke, aus der ebenfalls ersichtlich ist, dass Bello bei Tasso registriert ist. Mit der Impfmarke und der Steuermarke, falls Ihre Gemeinde sowas noch hat, verstauen Sie diese in einem kleine Täschchen, das Sie am Brustgeschirr befestigen können. In diesen Täschchen kann man noch seinen Namen, seine Telefonnummer und Adresse vermerken. Zusätzlich können Sie auch noch über Internet gestickte Bänder erwerben, auf denen Ihre Handynummer angebracht ist. Diese kann man am Rückengurt des Brustgeschirrs mit Klettband befestigen.

So ausgerüstet haben Sie eigentlich genug getan, damit Ihr Bello in allen möglichen Situationen erkannt, identifiziert und zu Ihnen zurückgebracht werden kann. Wir wollen hoffen, dass das nie notwendig ist, aber vorbeugen ist immer besser als heilen.

3.5. Zwinger, Küche oder Bett? Wo soll ein Hund schlafen?

Wenn Sie sich über die merkwürdige Überschrift wundern, kann ich das verstehen. Aber es gibt nach wie vor viele Menschen, die fest davon überzeugt sind, dass Hunde nachts im Zwinger gut aufgehoben sind, am besten überhaupt immer dann, wenn der Mensch gerade keine Zeit für sie hat – also ca. 90 % eines Hundelebens.

Falls Sie Ihren Hund auch im Zwinger halten möchten, sollten Sie sich das sehr gut überlegen, da es vor allem negative Auswirkungen hat. Unter anderem zeigen gerade Zwingerwelpen die deutliche Neigung zu schnappen und zu beißen, da sie komplett mit der Einsamkeit überfordert sie. Sie zeigen dadurch ihren Stress. Welpen gehören immer in die Nähe ihrer Menschen, wenn sie von der Mutter getrennt wurden. Sie brauchen Sicherheit und Wärme, das bekommen sie im Zwinger ganz sicher nicht. Ganz im Gegenteil, wenn so ein Baby sich fürchtet, erkennt das niemand, niemand hilft ihm, niemand zeigt ihm, wie es mit seiner Angst fertig werden kann. Auch die Tatsache, dass alle irgendwann aufhören zu jammern oder zu bellen, bedeutet nicht, dass sie den Zwinger ganz toll finden. Das bedeutet, dass ein Welpe aufgegeben hat um Hilfe zu rufen. Glauben Sie allen Ernstes, eine Hundemutter würde ihre Kinder stundenlang bellen und jammern lassen, ohne sich um sie zu kümmern? Fragen Sie mal einen Züchter, was er von so einer Hündin hält.

Jetzt sind Sie erleichtert, weil Sie sperren Ihr Hundekind ja nicht in einen Zwinger am Ende des Grundstücks, sondern es hat einen tollen, gemütlichen Platz in der Küche, wahlweise im Wohnzimmer oder unter der Treppe. Egal. Jedenfalls nicht bei Ihnen. Frage: wo ist der Unterschied? Sie lassen es allein – und das würde seine Mutter niemals machen. Wenn Sie wirklich möchten, dass ihr Hund irgendwann allein im Flur oder in der Küche schläft, dann müssen Sie schon soviel sein, dass Sie die ersten Wochen bei ihm schlafen – auf dem Boden, auf der Couch, wo auch immer – aber bei ihm. Auch wenn Sie aus nachvollziehbaren Gründen möchten, dass er einen Zwinger kennt, müssen Sie mit ihm dort schlafen, damit er sich wirklich in aller Ruhe und Entspanntheit daran gewöhnen kann. Einige Kunden von mir lassen ihre Hunde im Zwinger, wenn sie tagsüber zur Arbeit oder zum Einkaufen weg müssen. Diese Zwinger sind sehr groß, in der Regel 100 - 200 Quadratmeter. Die Hunde haben darauf eine schöne bequeme Hütte, die regelmäßig sauber gemacht wird, einen überdachten Freisitz, Schatten- und Sonnenplätze und genügend Möglichkeit, auch mal ein Geschäft zu erledigen, ohne gleich neben den Liegeplatz machen zu müssen. Auch hier muss man mit seinem Hund Zeit und viele Nächte verbringen, damit er den Zwinger schätzen lernt.

Was überhaupt nicht geht: Sie sperren den kleinen Kerl zwar nicht in den Zwinger, aber im Haus in eine Box. Sicher, er macht dann nicht rein, aber so viel besser als ein Zwinger ist das wahrlich nicht. In vieler Hinsicht ist es sogar schlechter, da er sich die ganze Nacht kaum bewegen kann.

Den ganzen Stress kann man sich sparen, wenn man die Hunde zu sich ins Schlafzimmer nimmt. Meine Hunde schlafen seit fast 40 Jahren bei uns und – wenn sie das möchten – dürfen sie auch ins Bett. Wenn Sie das nicht haben wollen, ist das in Ordnung, aber sorgen Sie bitte dafür, dass der Welpe die ersten Wochen direkt neben Ihrem Bett schläft, damit Sie sofort merken, wenn irgend etwas ist: er muss nachts raus zum Pippimachen, ihm wird übel, er träumt schlecht, er wacht auf und fürchtet sich im Dunkeln. Sie haben ein kleines Kind bei sich, nur hat es im Unterschied zu Menschenkindern 4 Pfoten und Fell. Wenn er in Ihrem Bett schlafen darf, dann können Sie ihm von Anfang an einen festen Platz anbieten, z.B. am Fußende. Wenn er neben Ihrem Bett schläft und irgendwann sein Körbchen an einem geschützten Platz im Schlafzimmer hat, ist das auch in Ordnung.

Falls Sie möchten, dass er nicht bei Ihnen schläft, sollten Sie bedenken, dass er irgendwann krank werden kann, das bekommen Sie dann nicht mit. Er wird sich also irgendwo im Haus übergeben oder sein Geschäft verrichten, die Schweinerei müssen Sie dann am nächsten Tag wegputzen. Und wenn er alt wird, kann es durchaus sein, dass er öfter nachts raus muss, dann haben Sie das gleiche Problem. Am besten entscheiden Sie sich also dafür, dass er auf alle Fälle im gleichen Zimmer schläft wie Sie, zumindest solange er ein Welpe ist. Es kann aber durchaus passieren, dass er seinen Schlafplatz woanders sucht, wenn er erwachsen wird.

3.6. Betteln

Ob Ihr Hund bei Tisch etwas bekommt oder nicht, entscheiden Sie. Manche Menschen finden es großartig, wenn Ihr Liebling neben ihnen sitzt und mit ihnen frühstückt. Sonst schmeckt's einfach nicht. Sollten Sie auch so drauf sein, machen Sie bitte aus Ihrem Herzen keine Mördergrube. Idealerweise denken Sie sich ein Ritual aus, so dass Sie und Bello gut klar kommen. Und das kann so sein: ein Stückchen von Ihrem Teller wird extra gelegt und er bekommt es, wenn Sie fertig sind. Manche Menschen geben das dann z.B. auf Bellos Decke, manche Hunde bekommen es vom Tisch. Wenn das Procedere immer gleich ist, gewöhnt er sich daran und wird nicht betteln.

Wenn Sie das nicht möchten, ist das auch in Ordnung. Dann beachten Sie Ihren Hund beim Essen überhaupt nicht. Er wird es sicher interessant finden, was Sie da so machen, vor allem wenn es auch noch gut riecht. Ignorieren Sie alle seine Annäherungsversuche, schieben Sie ihn ohne Blickkontakt ruhig weg, wenn er hochspringt, und geben Sie sich in keinster Weise mit ihm ab. Jede Kontaktaufnahme Ihrerseits beflügelt ihn nur zu weiteren Versuchen. Vor allem müssen Sie sicher stellen, dass er wirklich niemals etwas vom Tisch bekommt. Auch nicht wenn Tante Anna mit dem weichen Herzen für alle Tiere da ist! Wenn Sie Glück haben, bettelt Bello zukünftig nur bei Tante Anna, aber die Wahrscheinlichkeit ist groß, dass er es bei anderen Besuchern auch probiert, und die finden das dann vielleicht nicht so gut.

Bekommt er mal was, und dann wieder nicht, erziehen Sie einen optimalen Bettelhund: er wird sich bemühen herauszufinden, wann er mit welchen Methoden Ihr Herz erweichen kann. Muss er besonders lieb kucken oder Ihnen die Pfote aufs Knie legen? Reicht ein tiefer Seufzer oder trauriger Blick von unten? Sie müssen sich das vorstellen wie Glücksspiel: bei welcher Beschwörung knacken Sie den Jackpot? Für Bello ist das dann wie ein Glücksspielautomat. Zugegeben, Sie schulen seine Intelligenz. Aber das können Sie auch anders, nicht durch Betteloptimierung.

Wenn Kinder in Ihrem Haushalt leben, werden Sie damit leben müssen, dass Bello bettelt. Kinder sind nicht konsequent und müssen es auch nicht sein. Evtl. kommt er während der Mahlzeiten in ein anderes Zimmer, aber wenn Ihre Kinder zwischen den Mahlzeiten essen, müssen Sie damit rechnen, dass das Eis oder die Banane gemeinsam verzehrt werden. Es schadet in der Regel weder dem Hund noch den Kindern. Am besten, Sie schauen einfach weg. Bei kleinen Kindern müssen Sie allerdings aufpassen. Sie fuchteln manchmal mit dem Essen in der Luft herum und die Pelznase denkt, sie könnte sich jetzt das leckere Brötchen holen – happ – schnapp und weg ist es. Dann ist das Geschrei groß und natürlich kann auch mal was passieren, wenn der Kleine dabei hinfällt oder vom Hundezahn geritzt wird. So etwas ist von Hunden nicht böse gemeint, aber Sie sollten es schon allein deshalb vermeiden, damit das Verhältnis zwischen Kind und Hund nicht leidet.

3.7. Hund und Kinder

Es gibt viele wunderschöne Erzählungen von Kindern und Hunden, die gemeinsam aufgewachsen sind und wunderbare Freunde wurden. Unzählige Fotos mit niedlichen Kleinkindern, die einen Leonberger oder etwas vergleichbares an der Leine führen, während der Riese geduldig und treu nebenher trottet, übersäen die sozialen Netzwerke ebenso wie Videos, in denen gezeigt wird, wie geduldig und lieb der Familienhund sich einfach alles von den Kindern gefallen lässt. Regelmäßig liest man dazu die verzückten Kommentare, aber ebenso regelmäßig auch die Warnungen. Denn so einfach ist es eben nicht.

Hunde und Kinder – so sollte es sein

Jede Hundeschule erlebt immer wieder, dass entsetzte oder unglückliche Eltern anrufen, weil der Hund das Kind anknurrt, es meidet oder nicht auf das Kind hört. Ob da was mit der Rangordnung nicht stimmt? Oder sei das ein übles Zeichen von Dominanz? Und müsse nicht der Hund, z.B. eine ausgewachsene Dogge akzeptieren, dass der achtjährige Sohn im Rang über ihr stehe und sie deshalb gefälligst seine Anweisungen zu befolgen habe? Ja, da ist dann immer mal richtig Märchenstunde angesagt.

Um das klar zu stellen: zwischen Arten gibt es keine Rangordnung, das ist mittlerweile nachgewiesen und belegt. Dann sind alle Hundeartigen wie unsere Haushunde so gestrickt, dass sie mit allen Mitgliedern einer Gruppe oder einer Familie sehr verantwortungsbewusst umgehen und genau einordnen können, wer ein selbständiger Erwachsener und wer ein zu betreuendes Kind ist. Eine Dogge ist im Alter von 2 Jahren schon ein relativ erwachsener Hund, ein Mensch im Alter von 8 Jahren ist noch ein richtiges Kind. Auf Kinder muss man aufpassen und sie beschützen, wer aber von einem beschützt wird, der ist nicht unbedingt in der Lage selber klare Anweisungen zu geben. Dazu kommt, dass Kinder inkonsequent sind, und das ist gut so. Sie können sich in weiten Teilen überhaupt nicht über die Konsequenzen dessen klar sein, was sie tun und was sie nicht tun. Die Wahrscheinlichkeit, dass ein Kind ein Signal dauerhaft konsequent und richtig ausführt, ist nicht sehr groß. Und selbst wenn Sie als Kind anders waren, ist es nicht gesagt, dass Ihre Kinder nach Ihnen kommen.

Also: Hunden ist vollkommen klar, dass Kinder der Teil der Familie sind, die man beschützen muss und die mal so mal so reden, aber nicht immer meinen, was sie sagen. Es ist für sie vollkommen logisch, dass Kinder nichts zu schnabeln haben. Zumindest nicht in der Hundeerziehung. Mit viel Glück, Geduld und gutem Willen kriegt man das hin, aber man kann nicht davon ausgehen, dass das sicher funktioniert. Dazu kommt, dass Kinder häufig laut und unberechenbar sind, sie rennen mit hektischen Bewegungen und viel Gekreische in der Gegend herum, das geht vielen Hunden auf die Nerven. Je nach Typ neigt Ihr Bello dazu, die Kinder zu maßregeln, wie er das mit überdrehten Welpen machen würde, oder er macht sich aus dem Staub.

Manche Kinder sehen Hunde auch als lebendige Kuscheltiere und es hat schon viele Tränen gesetzt, weil Susi lieber in ihrem Körbchen bei Mama im Schlafzimmer schläft als bei den Kindern im Bett. Gerade kleine Hunde werden so viel und oft von den Kindern gestreichelt und getragen, dass sie Kinder oft regelrecht fliehen. Bitte schützen Sie Ihren Hund vor übergriffigen Kindern, egal ob es Ihre eigenen oder fremde sind. Mit ein wenig Einfühlungsvermögen kann man den meisten Kindern sehr schnell klar machen, warum es für Hunde nicht schön ist, wenn sie permanent betatscht oder getragen werden, es möchten die meisten Hunde auch nicht im Puppenwagen spazieren gefahren werden. Fremde Kinder, also alle, die nicht in Ihrem Haushalt leben, haben Ihren Hund sowieso in Ruhe zu lassen. Für ihn besteht keine Verpflichtung, alle Kinder dieser Welt zu mögen.

Natürlich gibt es Hunde, die lieben alle Kinder und lassen sich von ihnen alles gefallen. Aber einmal muss man gerade sie vor Kindern schützen, und dann sollte ja auch ein wichtiges Ziel in der Kindererziehung sein, dass man den Kindern Respekt und verantwortungsvollen Umgang mit Tieren beibringt.

3.8. Hochspringen

Viele Hunde springen Menschen an, manche tun das nur bei ihren Menschen, manche bei allen, die sie sympathisch finden. Einige Hundefreunde haben damit kein Problem, aber sobald man gute Kleider anhat, findet niemand mehr dreckige Hundepfoten auf dem neuen Anzug oder Kostüm witzig.

Das Anspringen entwickelt sich aus dem Futterbetteln der Welpen, die ihren Eltern entgegenlaufen und hoffen, dass sie jetzt was zum Fressen bekommen. Dazu springen sie an den Alttieren hoch und lecken ihnen die Mundwinkel. Das bewirkt, dass die Alttiere ihnen Futter vorwürgen. Später wird dieses Mundwinkellecken bei der Begrüßung beibehalten, bzw. es ist ein wichtiger Bestandteil der aktiven Unterwerfung, bei der ein unsicherer Hund, der sich unterlegen fühlt, dem souveränen Gegenüber mit solchen kindischen Aktionen beweisen möchte, dass er ein ganz Netter ist.

Hunde, die sich freuen, sind so gut wie immer in Bewegung. Dazu gehört auch das Rumhopsen. Wenn ein Hund jetzt nicht gelernt hat, wie er Menschen freudig begrüßt ohne sie anzuspringen, wird er weiterhin versuchen hochzuspringen, um so an Ihr Gesicht zu kommen. Damit Bello gar nicht erst damit anfängt, hocken Sie sich anfangs immer auf den Boden, wenn er auf Sie zukommt und überlassen ihm die Hände zum Abschlecken. So ganz allmählich geht man nicht mehr ganz so weit runter, aber die Hände gehören weiterhin ihm. Außerdem müssen Sie ihn beachten, wenn er zu Ihnen kommt. Wie kleine Kinder müssen junge Hunde manchmal ganz schnell zu „Mama" oder „Papa" laufen, und wenn sie dann nicht bemerkt werden, springen sie eben hoch. Dann ist es aber sehr ungerecht, den Hund zu schimpfen.

Zudem ist es gerade bei jungen Hunden oft ein Zeichen von Unsicherheit. Wenn Sie merken, dass Ihr Hund Sie immer dann anspringt, wenn er aufgeregt ist oder mit der Situation nicht klar kommt, sollten Sie an seinem Selbstvertrauen arbeiten und ihm in schwierigen Momenten Sicherheit geben. Dazu gehört auch, dass Sie ihn hochspringen lassen, ganz ruhig stehen bleiben, ihn ein wenig halten und behutsam streicheln. Sie werden feststellen, dass er sich an Sie lehnt, und aus dieser sicheren Warte heraus die aufregende Situation beobachten kann. Irgendwann geht er wieder nach unten. Wenn Sie jetzt mit ein wenig Gefühl solche problematischen Momenten angehen, ihn rausnehmen oder ihm Sicherheit geben, sollte das mit der Zeit nachlassen,

Falls Bello sich das Anspringen bereits angewöhnt hat, müssen Sie ab sofort sehr gut beachten, dass Sie ihn immer bemerken und mit freundlichen Maßnahmen am Hochspringen hindern. Falls er gar nicht aufhört, kann man sich ganz ruhig abdrehen und sich ihm erst wieder ruhig zuwenden, wenn er alle vier Pfoten am Boden hat. Ein Grund für permanentes Anspringen kann auch sein, dass Sie immer einen Riesenzirkus beim Heimkommen mit ihm machen. Durch Ihre Begeisterung und Ihr Gequietsche wird er in helle Aufregung versetzt und das kann sich in Springen äußern. Natürlich sollen Sie sich freuen, wenn Sie Ihre Pelznase nach einer endlos langen Trennung von drei Stunden wieder sehen. Aber das geht doch mit weniger Aufregung.

Es gibt Hunde, denen werden Sie das Anspringen sehr schlecht abgewöhnen können. Dazu gehören kleine Hunde, die sich oft nicht anders bemerkbar machen können. Auch bestimmte Hunderassen, wie z.B. manche Hütehunde neigen dazu, zur Begrüßung oder bei großer Freude ihre Menschen anzuspringen. Gerade bei Hütehunden muss man wissen, dass sie häufig ihr Lob vom Schäfer dadurch erhalten, dass sie ihn anspringen (!!) und in dieser Position durch geknuddelt werden. Bei diesen Rassen müssen Sie also von Anfang an die Begrüßung und ein freundliches Annähern ohne Anspringen gut einüben – oder damit leben.

Hunde aus zweiter Hand neigen ebenfalls aus einem Gefühl der Unterlegenheit heraus dazu, ihre neuen Menschen anzuspringen. Zeigen Sie ihm, dass das nicht notwendig ist, aber zeigen Sie es ihm nett und freundlich. Unter Umständen gibt es sich auch nach einiger Zeit, wenn er richtig bei Ihnen angekommen ist. Falls Ihre Kinder oder manche Freunde es total lustig finden, wenn Bello an ihnen hochspringt, dann werden Sie vermutlich damit leben müssen. Es wäre wirklich sehr ungerecht, wenn Sie ihn dann dafür bestrafen würden, oder wenn Sie unwirsch auf sein Anspringen reagieren, und andere finden das gut.

3.9. Urlaub mit dem Hund

Urlaub ohne meine Hunde ist für mich kein Urlaub. Jetzt haben wir endlich mal Zeit und können ohne Hetze und Stress füreinander da sein. Das gilt nicht nur für die Kinder und den Partner, sondern eben auch für unseren vierbeinigen Freund. Wir vermieten unsere Ferienwohnungen im Forsthaus Metzelthin zu fast 100% an Menschen mit Hund, und es gibt mittlerweile europaweit Anbieter, die Zimmer oder Ferienwohnungen an Hundemenschen vermieten. Es gibt verschiedene Portale, wo Sie gute Adressen finden wie www.urlaub-mit-hund.de, www.hunde-urlaub.net oder www.rudelurlaub.de. Auf Facebook finden Sie Gruppen für quartiersuchende Hundemenschen. Auch Kataloganbieter haben inzwischen Hundehalter als interessante Zielgruppe entdeckt. In Hundezeitschriften finden Sie Anzeigen ... Und wenn Sie – wie wir – zu den Campingfans gehören, haben Sie sowieso selten Probleme.

Allerdings sollten Sie einige Dinge beim ersten Urlaub beachten, damit in Zukunft auch alles klar geht. Denken Sie daran, dass Ihr Hund noch nicht weiß, was „Urlaub" bedeutet. Für ihn ist das erstmal nur aufregend. Sie packen die Koffer, dann gibt es eine lange, anstrengende Fahrt. Am Ziel muss er in einem fremden Zimmer übernachten, zum Essen gehen Sie in ein Restaurant und er muss vielleicht im Auto bleiben ... Eine ganze Menge neuer Erfahrungen und Eindrücke stürmen auf ihn ein und das will verarbeitet werden. Deshalb sollten Sie das Quartier sorgfältig aussuchen. Es wäre nicht ideal, wenn Bello gleich im ersten Urlaub beim Frühstück im Zimmer bleiben muss, das Zimmer oder die Wohnung sehr unruhig liegen, die Spazierstrecken weiß Gott wo sind ... Alles sollte so einfach wie möglich sein. Verzichten Sie bei diesem Urlaub auch auf Besichtigungen, bei denen

Sie ihn nicht mitnehmen können, oder auf Stadtbummel, die ihn unnötig anstrengen. Am besten ist es, wenn Sie beim ersten Mal nur für ein paar Tage verreisen, so dass er sich langsam daran gewöhnt.

Am aufregendsten ist die erste Nacht. Bello sollte seine Decke in Ihrer Nähe haben. Wenn er anfängt zu wuffen, weil er etwas gehört hat, schimpfen Sie ihn nicht, sondern sagen Sie ihm ruhig und freundlich, dass alles in Ordnung ist. Evtl. beruhigt er sich sogar schneller, wenn Sie einfach nur aufhorchen und sich dann demonstrativ wieder hinlegen. Denken Sie daran: Sie wissen, dass das nur die anderen Gäste sind, die da vorbei gehen, er nicht.

Wenn möglich, sollte er sein gewohntes Futter bekommen. Bei Trocken- oder Dosenfutter ist das machbar. Bei Rohfütterung es es manchmal komplizierter. Viele Vermieter, die sich auf Hundemenschen spezialisiert haben, bieten Rohfleisch an. Man kann sich aber die ersten Tage sehr gut mit Dosen helfen und vor Ort einen Metzger oder ein Tierbedarfsgeschäft suchen. Es gibt mittlerweile in fast ganz Deutschland Barfläden zumindest in größeren Orten und auch die großen Tierbedarfsgeschäfte haben in der Regel Kühltruhen mit Rohfleisch.

Bei Auslandsurlauben sollten Sie vorab die Bestimmungen kennen, die für die Einreise erforderlich sind. Wenn Sie einen EU-Impfausweis haben, achten Sie bitte darauf, dass Sie ihn immer mitführen und auf dem aktuellen Stand halten. Auch über Risiken im Urlaubsland sollten Sie Bescheid wissen. In südlichen Ländern gibt es Parasiten, die für Ihren Hund nicht nur unangenehm, sondern auch gefährlich sind. Sprechen Sie bitte mit Ihren Tierarzt ab, was Sie prophylaktisch unternehmen können.

Von Flugreisen mit Hunden rate ich ab. Ihr Freund muss stundenlang in einer Box im Gepäckraum sitzen, außer er ist klein genug, so dass er als Handgepäck durchgeht. Für die meisten Hunde ist das der reinste Stress. Wenn Sie einfach mal wieder eine Reise nach Amerika machen möchten, lassen Sie ihn zu Hause bei netten Menschen, die ihn kennen und für ihn sorgen oder suchen Sie ihm eine gute Tierpension.

Was ist wichtig bei der Quartierwahl? Ideal ist es, wenn der Vermieter keine Einschränkungen bzgl. Rasse, Größe und Anzahl der Hunde macht. Auch wenn Sie nur einen Hund haben, wissen Sie: hier sind Hunde willkommen. Die Böden der Quartiere sollten hundegerecht sein, ideal sind

Korkböden, da sie weich und einfach sauber zu halten sind. Schön wäre es, wenn der Vermieter Ihnen bei Bedarf mit Hundedecken helfen kann, einen Napf zur Verfügung stellt und es auch noch Begrüßungsleckerchen gibt. Er sollte wissen, wo Sie den nächsten Tierarzt finden, wenn Sie einen brauchen, wo Sie gut mit Bello spazieren gehen können, Ihnen überhaupt bei vielen Fragen zur Seite stehen. Seien Sie bitte vorsichtig bei Betreuung am Urlaubsort. Für Sie mag es schön sein, wenn Sie mal einen Tag frei für Museumsbesuche haben, aber Ihr Hund möchte vielleicht lieber bei Ihnen sein, anstatt beim Vermieter rumzulungern. Außerdem müssen Sie ganz sicher sein, dass dort mit Ihrem Bello freundlich umgegangen wird.

Gefährlich sind überzogene Aktivitäten in ungewohnter Umgebung. Sie selber merken hoffentlich, wo Ihre Grenzen sind, aber in der Regel haben Sie nur einen Muskelkater. Ihr Vierbeiner, der genau wie Sie unterm Jahr nicht übertrieben aktiv ist, ist vielleicht so begeistert vom Strandspaziergang oder vom Toben im Wasser, dass er erst innehält, wenn gar nichts mehr geht. Gehen Sie es deshalb langsam und vorsichtig an. Machen Sie lieber kurze Ausflüge ans Wasser, besser lassen Sie die Fahrräder zuhause und die Tageswanderung verschieben Sie auch auf einen Termin am Ende des Urlaubs.

Von Hundestränden und unkontrollierten Spielen auf der Hotelwiese mit anderen Hunden rate ich dringend ab. Im Unterschied zu uns wissen Hunde nicht, dass es sich um vorübergehende Begegnungen handelt, sie nähern sich deshalb ihren Artgenossen, als müssten sie künftig dauerhaft mit ihnen klarkommen. Was wie Spiel aussieht, muss deshalb nicht unbedingt Spiel sein. Gerade wenn Sie sich auf dem Gelände Ihres Vermieters aufhalten, kann durchaus passieren, dass der Rüde, der schon seit drei Tagen da ist, Ihrem schüchternen Neuankömmling alles verbietet.

Ideal sind Vermieter, egal von Zimmern oder Ferienwohnungen, die ihr Gelände so ausrichten, dass jeder zu seinem Recht kommt, Bungalows oder Ferienhäuschen, bei denen Sie ein eigenes, eingezäuntes Grundstück für sich haben, oder ein Reisemobil / Caravan. Da haben Sie Ihr eigenes Haus dabei, das finden eigentlich alle Hunde toll und Sie haben auf Campingplätzen Ihren eigenen Platz, auf den andere Hunde nicht dürfen.

3.10. Tierpension

Es gibt immer wieder Situationen, da muss Ihr Freund in einer Tierpension oder bei Fremden untergebracht werden. Wenn Sie Freunde oder Nachbarn haben, die ihn gerne nehmen, haben Sie großes Glück. Hätscheln und verwöhnen Sie diese Menschen, Bello dankt es Ihnen. Beim ersten Mal lassen Sie ihn nicht gleich tagelang dort, sondern höchstens ein paar Stunden. Auch das nur, wenn er die Menschen schon kennt und mag. Ansonsten macht man gemeinsam ein paar Spaziergänge und lässt ihn dann mal für eine halbe Stunde dort. Diese Menschen sollte alle Signale kennen, die Sie und Bello im Alltag brauchen. Sie müssen mit der Fütterung und seinen Spaziergewohnheiten vertraut gemacht werden und auch seine Probleme kennen. Wenn er z.B. keine anderen Rüden mag, sollten sie das wissen. Dann benötigen sie die Telefonnummer Ihres Tierarztes und / oder der Hundeschule, in die Sie mit Bello gehen, denn es kann immer mal ein Problem auftauchen, da benötigen Ihre Hundesitter fachmännischen Rat.

Wenn Sie diesen Luxus nicht haben, suchen Sie sich eine gute Tierpension. Lebt Ihr Hund bei Ihnen im Haus, sollte das auch in der Pension möglich sein. Große Pensionen haben oft Anlagen, bei denen die Hunde in Zimmern mit Möglichkeit zum Hinausgehen untergebracht sind. Zusätzlich sollte aber Bello täglich spazierengehen und auf einem Spielplatz auch Kontakt mit anderen, freundlichen Hunden bekommen, wenn er das möchte. Noch besser sind die raren Plätze, bei denen die Hunde mit den eigenen Hunden wie Familienhunde gehalten werden. Hier zahlen Sie zwar mehr, aber Ihr Hund fühlt sich bestimmt wohler.

Allerdings sollten Sie bei der Tierpension erstmal einen Besuch abstatten und prüfen, ob die Haltung Ihren Vorstellungen entspricht. Wenn Sie Bello am Brustgeschirr führen, dann geht es nicht, das die Tierpension ihm ein Halsband umlegt. Ebenso sollte es möglich sein, dass Sie sein Futter mitbringen und er es auch bekommt. Achten Sie auf Sauberkeit und Hygiene, Freundlichkeit und respektvollen, freundlichen Umgang mit den Hunden.

Es ist kein Zeichen von Herzlosigkeit, wenn Sie Ihren Hund daran gewöhnen, dass er ab und zu auch mal woanders ist. Wir alle möchten nicht von unseren Hunden getrennt werden, aber manchmal ist es unumgänglich. Wenn Sie wissen, dass das bei Ihnen erforderlich ist, dann kümmern Sie sich rechtzeitig darum und warten Sie nicht, bis Sie jede Möglichkeit wahrnehmen müssen, egal ob es gut für Bello ist oder nicht.

3.11. Ernährung

Die Ernährung unserer Hunde ist ein komplexes und nach wie vor umstrittenes Thema. Es ist deshalb leider nicht möglich, in Kurzform darzustellen, wie Sie eine gesunde und ausgewogene Ernährung Ihres Hundes gewährleisten können. Deshalb finden Sie hier nur ein paar Worte.

Industriefutter, das vor wenigen Jahren nur in Ausnahmefällen in den Näpfen unserer Pelznasen zu finden war, ist heute die gängige Art der Ernährung. Das bedingt aber sehr viele Probleme, die leider meistens nicht auf die Fütterung mit Industrienahrung zurückgeführt werden. Als kleinen Denkanstoß: was glauben Sie ist gesünder? Wenn Sie nur Pizza aus der Mikrowelle essen? Oder wenn Sie sich aus frischen Zutaten aus der Region Ihre Mahlzeiten zubereiten? Und was denken Sie, empfiehlt Ihr Hausarzt?

Sie können sich gerne über die verschiedenen Formen der Fütterung informieren. Es gibt heute über das Internet, Bücher, Zeitschriften und Seminare zahlreiche Möglichkeiten sich umfassende Kenntnisse zu verschaffen. Allerdings ist die Vielzahl der Meinungen gerade für Anfänger oft sehr verwirrend. Ich vertrete die Ansicht, dass die beste Fütterung die Rohfütterung ist, die auch unter dem Begriff „barfen" bekannt ist. Das Wort „barfen" kommt aus dem Englischen und wird im Deutschen übersetzt mit „**b**iologisch **a**rtgerechte **R**ohfleisch**f**ütterung". Weder die ausgewogene Zubereitung der Mahlzeiten noch das Besorgen der Zutaten ist ein Problem.

Wenn Sie sich darüber etwas genauer informieren, können wir gerne eine ausführliche Ernährungsberatung durchführen oder Sie melden sich für eines unserer unregelmäßig durchgeführten Ernährungsseminare an. Im PhiloCanis Verlag ist außerdem mein Buch „Wohl bekomm's – Dein Hund ist, was er frisst" als Band 1 der Reihe „Rund um den Hund" erschienen. In leicht nachvollziehbarer Weise ist hier beschrieben, warum Sie Ihren Hund roh füttern sollten, welche Probleme bei Industriefutter auftreten und wie Sie leicht und unkompliziert umstellen können.

3.12. Warum Futterbelohnung meistens effektiver ist

Im ersten Teil haben wir uns damit befasst, dass es verschiedene Möglichkeiten gibt, einen Hund zu belohnen. Eine davon ist die Futterbelohnung.

Sie ist bei Trainern und Hundehaltern die umstrittenste Form, aber, wenn man weiß, wie man damit umgehen muss, auch die effektivste.

Wir unterscheiden grundsätzlich zwei Arten Belohnung: primär und sekundär. Primär bedeutet, dass der Hund genau das bekommt, was er jetzt im Moment haben möchte. Das kann alles mögliche sein. Vielleicht würde er gerne den Hasen jagen, der am Straßenrand sitzt, oder mit seinen Kumpeln spielen. Das mit dem Hasen geht gar nicht, das mit den Kumpeln nur, wenn die Umgebung stimmt und welche da sind. Deshalb arbeiten wir oft mit sekundärer Belohnung, das heißt, er bekommt etwas adäquates, das er auch sehr gerne nimmt. z.B. ein Stückchen Wurst.

Warum nehmen wir jetzt Futter und kein Spielzeug? Und warum streicheln wir unsere Hunde nicht zur Belohnung?

Streicheln, bzw. Körperkontakt kann eine sehr effektive Belohnung sein, wenn der Hund das wirklich als Belohnung auffasst. Hunde, die gerne gestreichelt werden, drücken sich in solchen Fällen regelrecht an ihre Menschen oder werfen sich vor ihnen auf den Rücken, um die begehrte Streicheleinheit zu bekommen. Bei diesen Hunden ist Streicheln eine Primärbelohnung. Für die meisten Hunde ist es aber nur lästig und sie lassen es über sich ergehen nach dem Motto: alles geht vorüber. Weil Menschen aber ihre Hunde gerne anfassen, denken sie automatisch, ihr Vierbeiner müsste das doch auch gut finden. Ganz schrecklich wird es, wenn Sie sich über ihn beugen, ihn fast umarmen und auf ihm rumpatschen wie auf einer Trommel. Und der Gipfel menschlichen Unverständnisses ist Streicheln oder Tätscheln am Kopf.

Wer so etwas macht, hat sich noch nie ernsthaft darüber Gedanken gemacht, was Hunde mögen und was nicht. Umarmungen mögen Hunde in den allerwenigsten Fällen. Letztendlich belohnen wir uns damit selber, weil wir es schön finden, an ihnen herumzugrapschen oder sie zu umarmen. Für Hunde ist so etwas aber eine gewaltige Bedrohung. Sie gewöhnen sich meistens daran, so wie wir uns daran gewöhnen, dass Hunde gerne mal feuchte Küsschen geben. Und so wie Sie vermutlich nicht darauf scharf sind, dass Ihr Süßer Ihnen das Gesicht wäscht, um Ihnen seine Liebe zu zeigen, so ist er nicht darauf scharf, von Ihnen umarmt zu werden. Denn wann umarmen sich Hunde? Entweder bei der Paarung, und da lässt ein gut sozialisierter Rüde sich sehr viel Zeit, bis er aufspringt und die Hündin festhält, oder beim Kampf – um den Gegner wehrlos zu machen. Es soll aber eine Belohnung für Ihren Hund sein, weil er jetzt so schnell gekommen ist, weil er geduldig „bleib" gemacht hat, obwohl andere Hunde vorbeigegangen sind, weil ... egal, weil er etwas richtig gut gemacht hat.

Aber spielen, da ist doch prima. Da freut er sich so richtig, wenn Sie den Ball nur rausholen. Nur der Gedanke: „jetzt wird gleich gespielt", regt Hunde meistens dermaßen auf, dass sie sich überhaupt nicht mehr richtig auf die gestellte Aufgabe konzentrieren können. Wenn Sie nach einer anstrengenden Aufgabe, bei der er lange sehr aufmerksam sein musste, eine Runde mit ihm um die Wette rennen, dann kann das schon mal in Ordnung sein. In den meisten Fällen ist die Unruhe, die die Erwartung auf das Spiel mit sich bringt, kontraproduktiv zu einer ruhigen Aufgabenlösung. Denn was wird normalerweise gespielt? Genau. Ein Ball wird geworfen. Im nächsten Punkt besprechen wir genauer, warum Ballspielen Hunde stresst und schon allein deshalb, weil es stressig ist, ist es keine gute Idee, Hunde mit Ballspielen zu belohnen.

Und jetzt die Futterbelohnung. Nicht artgerecht, haben Sie gehört? Und ganz schwierig, die immer genau zum richtigen Zeitpunkt zu geben? Und viele Hunde wollen das nicht? Und dann wird der Hund doch nur bestochen?

Was ich immer so bemerkenswert finde: warum kommen nur bei der Futterbelohnung, wenn es um ein kleines Stückchen Wurst geht, solche Massen von Einwände. Nicht artgerecht, soso. Aber dass jemand seinen Hund eine halbe Stunde „platz" machen lässt, das ist artgerecht? Probleme mit dem Timing? Ja, wenn Sie ihm die Wurst 10 Minuten später geben, dann versteht er das nicht mehr. Wenn Sie ihn allerdings freudig loben für die gute Ausführung des Signals, dabei die Belohnung aus der Tasche ziehen und ihm geben – was soll daran schwer sein und was soll er da nicht verstehen? Und wenn er das Futter nicht möchte? Vielleicht liegt es daran, dass er das Futterbröckchen nicht mag und ihm ein Stückchen Wurst oder Käse lieber wäre? Oder Sie klären, ob er gestresst, aufgeregt und zu sehr abgelenkt ist, dass er gar nicht an sowas denken kann? Dass Sie ihn in eine Situation gebracht haben, in der er vollkommen überfordert ist? Denn das sind die Gründe, warum Hunde Futterbelohnung nicht möchten: Stress oder schmeckt nicht. Und wer meint, mit Futter besticht er seinen Hund, der hat schlicht keine Ahnung, wie man sie richtig einsetzt – oder er ist wegen einem Fingernagel großen Stück Käse neidisch.

Und jetzt zu den Vorteilen. Futterbelohnung ist etwas sehr effektives, wenn man weiß, wie man damit umgehen muss. Die meisten Hunde fressen gerne, man muss nur das Richtige finden. So wie Sie mal nebenher ein paar Käsekräcker oder Gummibärchen essen, findet Bello ein Wurst- oder Käsestückchen, einen kleinen Streifen Dörrfleisch oder Trockenlunge zur Belohnung ganz super. Nehmen wir unsere Abrufübung, die wir am Anfang machen. Vermutlich geht jeder Hund erstmal dieser verlockend riechenden Hand mit dem verführerischen Inhalt nach. Dann verbindet er bei jeder Übung besser, dass dieses Leckerchen mit einem Hör- und Sichtzeichen – Bello, schau mal her –, einer bestimmten Handlung – er geht Ihnen nach – und einem dicken Lob und dem Futterbröckchen verbunden ist. Sie machen das ein paar Mal und schon können Sie ihn zunächst ohne Ablenkung hervorragend abrufen. Sie erreichen aber zusätzlich, dass er lernt, der interessanten Hand zu folgen und ruhig bei Ihnen zu stehen. Und alles nur mit Hilfe eines Futterbröckchens. Ist doch großartig, finden Sie nicht?

Jetzt geben manche Menschen nicht gerne Futter, weil ihr Hund das immer so grob nimmt. Auch hier müssen wir uns ansehen, wann und warum. Wenn andere Hunde zu nahe stehen, kann sein, Ihrer hat Angst, sie nehmen es ihm weg. Vielleicht ziehen Sie die Hand mit dem Leckerchen auch immer weg, so dass er schnappen muss, um es zu bekommen. Sowie Sie die Hand ruhig halten, ist alles gut. Oder er ist sehr aufgeregt und gestresst, weil die ganze Situation ihn sehr in Anspruch nimmt, also achtet er nicht so gut darauf, wie er seine Zähnchen einsetzt. Wenn Sie mit ihm allein sind, nimmt er alles ganz sanft. Sie erfahren also viel über seine Stimmung: ist er entspannt oder aufgeregt?

Wenn ein Hund beim Training Futter überhaupt nicht nimmt, sollte man die Trainingssituation sehr genau unter die Lupe nehmen. Machen Sie zuviel Druck? Verlangen Sie zuviel oder zu schnell mehr? Ist er zu sehr abgelenkt? Fühlt er sich bedroht? Hat er mal Starkzwang kennengelernt und Angst vor Strafe? Wenn etwas davon oder vielleicht sogar mehrere Punkte zutreffen, müssen Sie das Training vollkommen ändern. Vielleicht müssen Sie freundlichere Signale einführen, den Druck rausnehmen und langsamer vorgehen. Vielleicht sollten Sie erst mal mit ihm alleine üben, ehe Sie in eine Gruppe gehen. Und mit Strafe drohen geht gar nicht, das beweist nur, dass das Training vollkommen falsch läuft und der Trainer keine Ahnung hat, wie er einem Hund etwas auf freundliche Weise beibringt. Oder er möchte ihm etwas beibringen, was der Hund nicht machen kann oder möchte, weil es ihn ängstigt oder seinem Naturell zuwiderläuft.

Futterbelohnung hat auch den Vorteil, dass man sehr variabel damit umgehen kann: für sehr gute Ausführungen gibt es mehr, für sehr schwere Aufgaben etwas ganz Besonderes. Sie können das Futter aus der Hand geben oder auf den Boden streuen und suchen lassen. Die Bröckchen können wie beim Zauberwort schwungvoll durch die Luft fliegen. Manche Hunde fangen sie auch gerne aus der Luft. Man kann sie einwickeln, z.B. in einen Lappen und Bello muss sie auspacken ... Sie können also mit viel Action oder auch mit sehr viel Ruhe mittels Leckerchen belohnen, er versteht sehr schnell, was Sie von ihm möchten, und Sie können schon allein durch die Menge der verschiedenen Leckerchen viele interessante Variationen einsetzen.

Futterbelohnung ist etwas für Faule, die sich gut auskennen mit Hundeverhalten und freundlich mit ihrem besten Freund umgehen möchten. Das sind doch gute Argumente, oder?

3.13. Stress bei Hunden

Stress bei Hunden ist mittlerweile sehr gut erforscht, leider werden aber die gestressten Hunde nicht weniger sondern eher mehr. Das liegt zum Teil an den extrem hohen und teilweise unerfüllbaren Erwartungen, die Menschen an Hunde haben, zum Teil an der permanenten Reizüberflutung, der sie ausgesetzt sind, zum Teil an unfreundlichen Erziehungsmethoden, zum Teil an der Ernährung, zum Teil an ... Ja, die Liste lässt sich noch ein ganzes Stück fortsetzen. Es gibt ein sehr empfehlenswertes Buch zu diesem Thema: „Stress bei Hunden" von Martina Scholz, animal learn Verlag. Es lohnt sich sehr, dieses Buch zu lesen, schon allein um unnötige Stressbelastung zu vermeiden.

Viele Menschen sind der Meinung, dass man Hunde am besten an Stress gewöhnt, in dem man sie permanent stressigen Situationen aussetzt. Also rennen sie mit ihnen über Weihnachtsmärkte und durch Kaufhäuser, zerren sie durch Fußgängerzonen, über bevölkerte Strandpromenaden und weiß der Teufel wo noch überall hin. Denn zum einem möchte man seinen Vierbeiner ja überall dabei haben und zum anderen soll er auch lernen, damit klar zu kommen. Und wenn ich schreibe „rennen und zerren", dann nehmen Sie das bitte wörtlich.

Um das zu verdeutlichen, was das mit Hunden macht, wollen wir uns folgende Situation vorstellen. Eine Familie fährt mit ihrer Pelznase in Urlaub, sagen wir an die Nordsee. Der Hund war noch nie von zu Hause fort und er ist noch nie länger Auto gefahren als eine halbe Stunde. Jetzt ist plötzlich Tage vorher große Aufregung im Hause, Koffer werden gepackt, die Wohnung noch mal geputzt, der Rasen gemäht, alles, was vor dem Urlaub eben so ansteht, wird erledigt. Für Sie ist das normal, der Hund ist verwirrt. Jetzt kommt die Autofahrt, er sitzt eingequetscht zwischen Koffern im Kofferraum, selbst wenn er geschützt in einer Box ist, ist rund um die Box alles vollgepackt. Höchstens alle zwei Stunden wird an einer Autobahnraststätte angehalten, er muss zwischen vielen Autos und Menschen aussteigen, inmitten Krach und Gestank wird er auf einen verdreckten, verpinkelten „Rasen" geführt, dann schnell wieder rein ins Auto und weiter gehts. Nach etlichen Stunden kommt die Familie an.

Bello wird an der Leine ins Quartier gezerrt, er bekommt kaum Zeit, mal sein Geschäft zu erledigen, geschweige denn die Gegend zu erkunden, denn man hat's eilig, schließlich will man noch auspacken und dann ab an den Strand. Sowie er versucht, wenigstens das Zimmer oder die Ferienwohnung zu erkunden, sprich rumzulaufen und alles mit der Nase kennen zu lernen, hört er: weg da, pfui ist das! Dann gehts ab an den Strand. Dort sind wieder viele neue Menschen und Hunde, der Strand, den er noch nie gesehen hat, das Meer, das er nicht kennt, der Wind, die Gerüche, die Geräusche ... und als erstes wird ein langer Strandspaziergang mit Ballspielen und ins Wasser toben unternommen. Am nächsten Tag machen wir eine Fahrradtour an der Strandpromenade, weil man hier so günstig Fahrräder mieten kann und dann kann Bello sich austoben und wir erkunden die Gegend. Und schon am dritten Tag wird ein Tierarzt gesucht, denn Bello hat sich im Sand die Pfoten wundgelaufen, einen Muskel gezerrt oder sonst wie verletzt.

Sie glauben, das ist übertrieben? Genau so laufen häufig die Anfänge eines Urlaubs ab. Und das mit dem Tierarzt am dritten Tag habe ich von einer Tierärztin aus Kühlungsborn, die in den Monaten der Hauptsaison über 50% ihres Umsatzes genau mit diesen Behandlungen macht. Wörtlich: „Wenn die Leute wüssten, was sie ihren Hunden antun, würden sie zuhause bleiben." Natürlich kann man mit seinen Hunden in Urlaub fahren, so dass sie auch Freude daran haben, aber so läuft's leider meistens ab: Stress pur.

Es gibt noch viele, viele Beispiele, wie Menschen Hunde mit ihren menschlichen Gewohnheiten und Ansprüchen stressen, aber an diesem Beispiel sieht man sehr schön, wie schnell Menschen Hunde gnadenlos überfordern, und zwar sowohl psychisch als auch physisch.

Jedes Lebewesen muss lernen mit Stress umzugehen. Selbstverständlich. Aber das muss langsam passieren, denn Bello soll lernen, Strategien zu entwickeln, wie er damit klar kommt und sich auch rausnehmen kann. Sie dagegen müssen lernen zu sehen, wann er überfordert und gestresst ist und Sie ihn davor beschützen müssen. Nur so kann er Stressresistenzen aufbauen. Durch Reizüberflutung wird er überfordert und lernt nur: mir ist alles zu viel und keiner hilft mir. Das hat nichts mit Resistenz, dafür sehr viel mit erlernter Hilflosigkeit zu tun.

3.14. Die Leckerchen-Hitliste und Jackpot

Wer mit Futterbelohnung arbeitet, braucht auch eine Leckerchen-Hitliste. Das macht nicht nur Spaß beim Ausprobieren, das ist auch hilfreich beim Training. Denn wenn Sie Ihre Pelznase mal besonders belohnen möchten, dann können Sie darauf zurückgreifen.

Sie erstellen eine Liste von 5-10 Leckerchen, die Bello gerne mag. Das müssen nicht immer Würstchen oder gekaufte Leckerchen sein. Manche Hunde lieben Melone, andere machen einen Handstand für Zwieback. Dabei kommt es nicht darauf an, was Sie toll finden, und auch nicht, was gesund ist oder nicht. Sie müssen es nicht essen und für Bello soll es eine großartige Belohnung sein, die ihm verdeutlicht, dass er gerade etwas ganz Tolles geleistet hat.

Und so gehts: Sie nehmen in jede Faust je ein Leckerchen und halten Bello die geschlossenen Fäuste hin. Er wird interessiert daran schnuppern. Jetzt ziehen Sie die Fäuste auseinander. Einer Faust wird seine Nase folgen. Gehen Sie nochmal mit der anderen Faust an seine Nase und testen Sie 1-2mal, ob er wirklich dieses Leckerchen meint oder doch das andere. Das, bei dem er hartnäckig bleibt, bekommt er. So testen Sie jedes gegen jedes und bekommen eine wunderbare Hitliste.

Die setzen wir so ein: Nehmen wir an, Sie arbeiten am Abrufen und möchten gerne, dass das richtig gut wird. Also stecken Sie zwei, drei verschiedene Sorten Leckerchen ein. Immer wenn Bello in einer etwas schwierigen Situation oder auch mal besonders schnell gekommen ist, also wenn er es besonders gut macht, freuen Sie sich nicht nur ein Loch in den Bauch, sondern er bekommt ein besonders feines Leckerchen. Wenn Sie total begeistert sind, weil die Ablenkung vielleicht extrem groß war und er kam trotzdem, darf es auch ruhig mal ein bisschen mehr sein. Also nicht nur ein Stückchen, sondern 5,6 oder gleich eine Handvoll. Das ist dann der Jackpot. Besonders wirkungsvoll ist der Jackpot dann, wenn sie ihn gezielt und nicht zu oft einsetzen, und wenn Sie die Pelznase ihre Leckereien aus einem extra Döschen oder Futterbeutel fressen lassen. Dabei sollte immer noch was übrig bleiben, für den Fall, dass Sie es nochmal brauchen.

Bitte verwechseln Sie das nicht mit Fütterung über den Futterbeutel. Das lehne ich konsequent ab. Es geht um Belohnung und nicht Abhängigkeitstraining über Futter.

Hundeleckerchen selbst gemacht

Leberleckerchen: 250 g pürierte Leber, 500 g Dinkelmehl (alt. 250g Dinkelmehl, 250 g Dinkelflocken,
1 Ei, geriebene Möhre (oder 1 zerdrückte Zehe Knoblauch oder gehackte Petersilie oder etwas Selleriekraut oder etwas Liebstöckel), Wasser, alles gut vermischen und einen eher weichen Teig kneten, Blech mit Backpapier auslegen, Teig darauf ausstreichen, ca. 60 Min. bei ca. 120° C (Umluft) backen, herausnehmen und etwas auskühlen lassen, in kleine Stücke schneiden und nochmals ca. 3 Stunden bei ca. 80° C (Umluft) trocknen lassen.
Käseleckerchen: 250 g geriebener Käse, 500 g Dinkelmehl, 1 Ei, Wasser, alles gut vermischen und eher weichen Teig kneten, Blech mit Backpapier auslegen, Teig darauf ausstreichen, ca. 60 Min. bei ca.
120° C (Umluft) backen, herausnehmen und etwas auskühlen lassen, in kleine Stücke schneiden und nochmals 2-3 Stunden bei ca. 80° C (Umluft) trocknen lassen
Lunge: Rinderlunge in kleine Stücke schneiden, Blech mit Backpapier

belegen und Lunge darauf verteilen. Für 1 kg Lunge reicht ein Blech. Bei ca. 80° Umluft ca. 3 Stunden trocknen, immer wieder umrühren.

Alle Leckerchen sehr gut trocknen, lieber länger bei niedriger Temperatur, damit sie nicht schlecht werden. Sie müssen sicher sein, dass Ihr Hund kein Problem mit Getreide hat. Es gibt Hunde, die selbst bei einer Gabe von 1-2 Leckerchen, die Getreide enthalten, schlimme Probleme bekommen.

3.15. Gruppenstunden – Kontakt zu Artgenossen

Nach wie vor denken viele Menschen, die beste Art einen Hund zu sozialisieren wäre, ihn möglichst oft mit anderen spielen zu lassen. Jetzt besteht unser Alltag aber nicht aus permanentem Spiel und es gibt viele Hunde, die haben gar keine Lust dazu und das ist ihr gutes Recht. Um was es tatsächlich geht ist, dass ihr Bello lernt, mit anderen Hunden klar zu kommen, egal ob er sie mag oder nicht.

In unserer Hundeschule gibt es Gruppenstunden, in denen am Grundgehorsam unter Ablenkung gearbeitet wird, oder wir bauen ein neues Signal auf, wir gehen gemeinsam spazieren oder zum Baden an einen See, und unter anderem können die Hunde auch miteinander spielen, wenn sie das gerne möchten. Dabei bilden sich über die Monate und manchmal Jahre hinweg richtige Freundschaften. Junge Hunde, die neu dazu kommen, müssen zuerst einmal lernen, die Älteren zu respektieren und ihre Autorität zu akzeptieren. Der kleine Wirbelwind soll verstehen, dass er gerne gesehen ist und die Gruppenstunde Spaß macht, wenn er sich ordentlich aufführt und höflich und respektvoll mit den anderen umgeht. Und so ganz nebenbei lernt er, dass es kein Thema ist, sich abrufen zu lassen oder irgendwo zu warten, während andere Hunde dabei sind.

Wichtig ist der Kontakt zu Artgenossen, also zu jungen und alten Hunden beiderlei Geschlechts. Wenn Ihr Kleiner schon auf dem Weg zum Erwachsenwerden ist, wird er nicht mehr so zurückhaltend und freundlich behandelt, wie es die meisten erwachsenen Hunde mit Welpen tun. Junghunde sind oft rüpelhaft oder zickig, und das finden die Großen gar nicht lustig. Wir Menschen sind da nicht viel anders mit Heranwachsenden. Trotzdem müssen Sie bei Hundekontakten darauf achten, dass Ihr Bello nicht pausenlos untergebuttert wird. Besonders mit einer jungen Hündin müssen Sie vorsichtig sein, wenn ältere und evtl. unkastrierte Hündinnen in der Nähe sind.

Sollte so eine ältere Dame unfreundlich zu Ihrer Kleinen sein, dann gehen Sie lieber weiter und provozieren Sie keinen Zusammenstoß. Hündinnen kurz vor, während oder kurz nach der Läufigkeit sind oft sehr unfreundlich zu Konkurrentinnen. Rüden sind ebenfalls nicht unbedingt begeistert von der neuen Konkurrenz, in der Regel sind sie etwas unfreundlicher zu den jüngeren und damit ist es gut. Es gibt aber auch viele Rüden, die andere Kerle überhaupt nicht ausstehen können. In diesen Fällen machen Sie bitte eine Bogen, damit Ihr kleiner Freund keine negativen Erfahrungen macht. Da wird nichts „unter sich" ausgemacht. Mit einem anderen Hund, den Sie und Ihre Pelznase einmal im Leben treffen oder mit dem Sie eigentlich nichts zu tun haben, muss man nichts „ausmachen". Man geht vorbei, fertig.

Erwachsene Hunde, die einen guten Umgang mit Junghunden pflegen, sind für die Halbstarken sehr wertvoll, da sie hier Hundeetikette lernen können. Im Gegensatz zu Gleichaltrigen wissen sie sehr genau, was so ein kleiner Kerl an Spiel und Zurechtweisung verträgt und toben nicht mit ihm bis zum Umfallen. Maßregelungen finden maßvoll und vernünftig statt, so dass der junge Hund zwar lernt, etwas vorsichtiger zu sein, aber trotzdem versuchen kann, wie es denn jetzt richtig geht.

In meiner Hundeschule mache ich keine freien Spielstunden. Hunde, die zusammenpassen, werden langsam in eine Gruppe integriert. In der Regel ist der Neue die ersten drei Mal nur 30 Minuten dabei, erst wenn er mit der Gruppe gut klar kommt, kann er die ganzen 60 Minuten mitmachen.

3.16. Erlernte Hilflosigkeit

Kennen Sie diese Hunde, die sich nichts trauen? Sie schleichen hinter oder neben ihren Menschen her, sie schnüffeln nicht, sie fragen nach, wenn sie mal ihr Geschäftchen erledigen müssen, man könnte meinen, sie brauchen für jeden Atemzug eine Genehmigung. Diese Hunde leiden unter erlernter Hilflosigkeit.

Was ist das? Hier die Definition von Wikipedia: „Erlernte (auch gelernte) Hilflosigkeit beschreibt die Erwartung eines Individuums, bestimmte Situationen oder Sachverhalte nicht kontrollieren und beeinflussen zu können. Es wird davon ausgegangen, dass Individuen ihr Verhaltensrepertoire einengen und als unangenehm erlebte Zustände nicht mehr abstellen, obwohl sie es (von außen betrachtet) könnten. Diese Selbstbeschränkung bzw. Passivität ist auf frühere Erfahrungen der Hilf- und Machtlosigkeit zurückzuführen. Das Individuum erfährt einen Kontrollverlust, indem eine ausgeführte Handlung und die daraus resultierende Konsequenz als unabhängig voneinander wahrgenommen werden. Diese Erwartung beeinflusst das weitere Erleben und Verhalten des Individuums und kann sich in motivationalen, kognitiven und emotionalen Defiziten manifestieren (Seligman, 1975). Die Ergebnisse der tierexperimentellen Untersuchungen wurden auch am Menschen bestätigt (vgl. Hiroto, 1974).„

Jedes Lebewesen hat das Recht, über sein Leben und seine Umgebung Kontrolle auszuüben. Wer sich wohlfühlen möchte, dem muss auch bewusst sein, dass die Umgebung und die Menschen oder Hunde, die bei ihm sind, ungefährlich sind, er sich nicht zu fürchten braucht, sicher ist, genug zu essen und einen warmen Schlafplatz hat, kurz: wesentliche psychische und physische Bedürfnisse müssen erfüllt werden, damit es einem gut geht. Jetzt denken viele Hundehalter und Hundetrainer, ein Hund müsse immer und zu jeder Zeit alle Erwartungen seines Menschen erfüllen, jedes Kommando ausführen, egal wann und wo und unter welchen Umständen, und er müsse seinen Willen komplett dem seines Menschen unterordnen. Wie das zusammen geht, dass auch diese Menschen Hunde als „Freunde“ bezeichnen, entzieht sich meiner Kenntnis. Jedenfalls werden viele Hunde gezwungen, beim Spazierengehen immer exakt „bei Fuß“ oder hinter ihrem Menschen zu gehen, sich lösen und schnüffeln dürfen die Hunde nur, wenn der Mensch es erlaubt, jedes Kommando und mit Vorliebe Ruhekommandos wie „Platz“ müssen immer und unter allen Umständen ausgeführt werden, auch wenn ein Bulldozer auf den Hund zufährt, er darf nicht aufstehen. Diese Hunde müssen zu Hause immer auf ihrem Platz liegen, dürfen sich nicht einfach so ihren Menschen nähern, wenn sie nicht aufgefordert werden, alle Ressourcen wie Futter, Wasser und Spielzeug werden vom Menschen verwaltet und nach Gutdünken zugeteilt und wieder weggenommen, alles und jedes wird kommandiert und geregelt. Der Hund hat keine Chance, eigene Ideen und Vorstellungen anzubringen und zu entwickeln. Dabei gibt es schärfere und nicht so scharfe Vorgehensweisen, allen ist ihnen gemeinsam, dass Hunde kein Recht auf ein eigenes Leben haben.

Hunde, die so leben, evtl. auch noch viel isoliert werden, indem sie die meiste Zeit des Tages weggesperrt werden, geben irgendwann auf. Sie sind vollkommen abhängig vom Willen ihres Herren, sie haben keine eigene Entscheidungskraft mehr, sie sind vollkommen in der erlernten Hilflosigkeit gelandet, zu deutsch: sie erleben schwere Depressionen. Depressive Menschen schickt man zum Psychologen, depressive Hunde werden gelobt, weil sie ja „so brav" sind.

In der Definition von Wikipedia können Sie nachlesen, dass die Erkenntnisse über erlernte Hilflosigkeit in „tierexperimentellen Untersuchungen" zu Deutsch in Tierversuchen gewonnen. Wenn man jetzt ganz locker die Ergebnisse von Tieren auf Menschen übertragen kann, wo soll dann das Problem sein, wenn man sie auf Hunde anwendet? Noch dazu können wir davon ausgehen, dass viele dieser Versuchstiere Hunde waren.

Sie haben bereits mitbekommen, dass bei mir nichts „kommandiert" wird. Die Hunde hören Signale oder Anweisungen, die sie so lernen, dass sie sicher befolgt werden können. Aber selbstverständlich werden diese Signale mit Rücksicht auf den Hund und die Situation gegeben, nicht um ihrer selbst willen oder weil ich meine Macht über den Hund demonstrieren möchte. Erlernte Hilflosigkeit ist etwas ganz grausiges, das man niemandem wünscht und schon gar nicht seinem vierbeinigen Freund. Deshalb ist es wichtig, dass Sie freundlich, achtsam, liebevoll und mit viel Verständnis mit ihrer Pelznase umgehen, dann bekommen Sie einen freundlichen und fröhlichen Begleiter, der vielleicht manchmal Ideen hat, die Sie jetzt nicht sooo toll finden. Aber das können Sie dann als gutes Zeichen nehmen: er hat ein gesundes Selbstvertrauen und eine kreative Persönlichkeit.

3.17. Führt Kontrollverlust bei Hunden zu Kontrollzwang?

Kontrolle ist etwas, das jedes Lebewesen braucht, um überleben zu können. Von klein auf lehren wir unsere Kinder viele Dinge genau zu kontrollieren, damit sie heil durchs Leben kommen. Es ist klar, dass man nur über eine befahrene Straße geht, wenn dies gefahrlos möglich ist. Ebenso steckt man nicht einfach alles in den Mund, es könnte ja giftig sein. Messer und Scheren werden Kindern dann anvertraut, wenn die Eltern sicher sind, dass sie vernünftig damit umgehen und auch dann bleiben sie dabei und kontrollieren, dass nichts passiert. Auch Vorsicht gegenüber Fremden – in vernünftigem Ausmaß – sollen Kinder lernen und nicht mit jedem mitlaufen, der Gummibärchen dabei hat.

Menschen kontrollieren ihre Umgebung ständig, ohne sich dessen bewusst zu sein. Wenn wir in eine neue Umgebung kommen, bleiben wir erstmal stehen und werfen einen Blick in die Runde. Nur wenn wir sicher sind, dass alles ok ist, gehen wir weiter und betreten das Haus, den Raum, den Platz. Allein in eine fremde Stadt oder ein fremdes Land zu fahren, ist für uns nie besonders angenehm, besser wäre es, es ist jemand dabei, der sich auskennt. Einen guten Autofahrer macht aus, dass er regelmäßig in den Spiegeln den Verkehr überprüft, um so die Kontrolle zu behalten.

Warum ist das so? Sind wir alle Kontrollfanatiker, die dringend mal in Therapie müssten? Solange sich das in Grenzen hält wie oben beschrieben und es sich um einfache, größtenteils unbewusst ablaufende Aktionen handelt, ist es das sicher nicht mehr und nicht weniger als die notwendige, teilweise sogar überlebensnotwendige Überprüfung meiner Umwelt. Wer zu einer vernünftigen Kontrolle seiner Umwelt nicht in der Lage ist und viel zu sorglos durchs Leben wandert, muss schon ein großes Glückskind sein, um zu überleben, denn wer auf der Autobahn spazieren geht, jedem Menschen vertraut, der etwas von ihm will, Alkohol und Drogen in Unmengen konsumiert, ohne an die Folgen zu denken, der wird früher oder später durch seinen Leichtsinn geschädigt werden. Wir müssen also lernen, mit den Gefahren, die auf der Welt vorhanden sind, umzugehen und sie zu kontrollieren, dann kann man auch mal ein, zwei Glas Wein trinken, ohne gleich Leberzirrhose zu bekommen, man kann Straßen überqueren, ohne überfahren zu werden, und man lernt, Menschen richtig einzuschätzen. Alle Erfahrungen, die wir machen, egal ob gute oder schlechte, bereichern unser Leben und bringen uns vorwärts.

In ihrem sehr lesenswerten Buch „Wer denken will, muss fühlen." geht Elisabeth Beck auf das Grundbedürfnismodell von Epstein / Grawe ein. Die wichtigsten Grundbedürfnisse sind demnach
- Bedürfnis nach Orientierung und Kontrolle
- Lustgewinn / Unlustvermeidung
- Bindungsbedürfnis
- Selbstwerterhöhung.

Der Psychologe Seymor Epstein hat sich Anfang der 1990er Jahre mit der Frage beschäftigt, ob es für Menschen auch psychische Grundbedürfnisse gibt, Klaus Grawe hat Anfang der 2000er Jahre in Anlehnung an diese Erkenntnisse die o.gen. Grundbedürfnisse als Modell entwickelt. Elisabeth Beck schreibt dazu (S. 78) :„Alle Grundlagen dieses Modells wurden jedoch an Tieren fast noch intensiver erforscht als an Menschen – höchste Zeit also, es auch zum Nutzen der Tiere einzusetzen".

Um in schwierigen Situationen handlungsfähig zu bleiben, muss ein Lebewesen – egal ob Tier oder Mensch – eine gewisse Kontrolle behalten können. Denn gerade in schwierigen Momenten des Lebens kann es das Leben kosten, wenn man den Notausgang nicht kennt. Die Tatsache: „ich bin hier zwar fremd, aber ich habe mein Handy dabei und kann im Notfall meine Freunde anrufen, damit sie mich abholen" reicht als Kontrolle in der Regel aus.

Wie verhält sich das jetzt mit Hunden? Oft genug hört man von Hunden, die ständig ihre Menschen kontrollieren, sie keinen Moment aus den Augen lassen, immer dabei sein müssen, niemanden an sie hinlassen, teilweise nicht mal den Partner oder die Kinder. Ist das normal? Sind diese Hunde krank? Warum machen das einige und andere nicht? Es lohnt sich, dem nachzugehen und dieses Problem zu untersuchen, da die Ursachen zum großen Teil darin begründet liegen, wie heutzutage Hunde „erzogen" werden.

Hunde sind sehr neugierige Tiere, wie Menschen auch, nur wird ihnen das häufig negativ ausgelegt. Ich nenne dieses Verhalten deshalb lieber „Erkundungsfreude". Damit wird es positiv belegt und es trifft auch besser den Kern. Die meisten Hunde in meiner Hundeschule kommen freudig auf den Platz und müssen dringend erkunden, was seit dem letzten Mal hier passiert ist. Wer war da? Hat jemand Leckerchen vergessen? Steht das Plantschbecken rum? Und diese Erkundungsrunde macht Spaß. Hunde, die das nicht machen, sind immer Hunde, denen verboten wurde, von sich aus etwas zu erforschen. Sie machen einen verunsicherten Eindruck, wirken oft scheu und ängstlich, und haben nicht viel Spaß am Leben, keine Freude daran, etwas zu erkunden, keine Neugier, also keine „Gier auf Neues".

Nehmen wir an, ein Mensch kommt mit seinem Hund in einen großen Raum, der beiden fremd ist. Der Mensch bleibt am Eingang stehen und wirft einen Blick in die Runde. Vielleicht sieht er jemanden, den er kennt und geht sofort zu ihm hin. Der Blick in die Runde hat ihm genügt, um sein Kontrollbedürfnis zu befriedigen. Der Bekannte ist obendrein ein Beleg für die friedliche Situation, er kann also ohne weiteres hingehen und sich dazu setzen. Für den Hund sieht das ganz anders aus. Hunde erfassen zwar ebenso wie wir neue Situationen und Umgebungen mit allen Sinnen, den gründlichsten Aufschluss geben ihnen aber nicht die Augen oder Ohren sondern die Nase. Und deshalb reicht es ihnen nicht, wenn sie sich umsehen. Sie müssen den Raum mit der Nase erkunden. Üblicherweise ist das aber nicht erlaubt. Denn aus welchem Grund auch immer denken Menschen nicht freundlich über Hundenasen, die auf Erkundung sind. Könnte es nicht sein, der Hund pinkelt irgendwo hin, wenn er was interessantes riecht? Könnte es nicht sein, er belästigt jemanden? Oder jemand fürchtet sich vor Hunden. Und überhaupt sind die meisten Menschen der Meinung, es reicht, wenn der Mensch weiß, was er tut, der Hund hat ihm blind zu vertrauen.

Ach, wirklich? Als sozial hochentwickelte Landraubtiere haben Hunde wie Menschen ein sehr starkes Bedürfnis, ihre Umgebung daraufhin zu kontrollieren, ob sie ungefährlich ist, Beute oder Feinde verbirgt, man sich hier wohlfühlen kann oder sich lieber entfernt, sie haben also das gleiche Streben nach Lustgewinn, bzw. Unlustvermeidung wie Menschen. Wie kann aber ein Mensch, der sich überwiegend mit seinem Hauptsinn „Sehvermögen" orientiert und zum Teil andere Bedürfnisse und Vorstellungen von einem angenehmen Leben hat wie ein Hund, verlangen, dass sein Hund ihm immer und unter allen Umständen vertraut, wenn er ihm nicht mal ein wichtiges Bedürfnis, nämlich das nach Orientierung und Kontrolle zugesteht? Der Mensch in unserem Beispiel vertraut seinem Hund in keinster Weise, sonst käme er ja nicht auf die Idee, sein Hund könnte rumpinkeln, andere belästigen oder in Angst versetzen.

Viele Hundebesitzer und Hundetrainer glauben, dass sie sehr wohl in der Lage sind, hundliche Bedürfnisse richtig einzuschätzen und diesen auch gerecht zu werden. Das stimmt in vielen Fällen sogar, aber spätestens bei folgenden Fragen hört es für die meisten auf: darf ein Hund sich paaren und wenn ja mit wem? Wann und wie oft bekommt er was zu fressen? Darf er einfach so durch die Gegend laufen, und das auch noch wann und so lange es ihm gefällt? Darf er sich in Aas oder Exkrementen wälzen und dann im Wohnzimmer auf die Couch hopsen, um ein Nickerchen zu nehmen? Es gäbe noch viele andere Punkte, bei denen sich Mensch und Hund nicht unbedingt einig sind, aber Menschen bestehen darauf, alles so zu machen und zu kontrollieren (!), dass es ihren Vorstellungen entspricht.

Damit hier keine Missverständnisse entstehen: ich bin durchaus der Meinung, dass Hunde zwar soviel Freilauf wie möglich haben sollten, aber auch hier in der uckermärkischen Einsamkeit öffnen wir nicht einfach die Tür und schicken die Hunde hinaus. Ebenso gibt es ein von den Hunden unerwünschtes Duschbad, falls sie sich mal wieder mit Waschbärkacke parfümiert haben. Aber wenn unsere Hunde der Meinung sind, dass wir nicht umkehren, bevor wir den See erreicht haben, weil es nämlich wieder mal hoch an der Zeit für ein schönes Bad ist, dann lassen wir uns schon mal überreden. Und wer kontrolliert dann wen? Ich ganz sicher nicht meine Hunde. Dafür komme ich zu einem nicht eingeplanten Bad und die Hunde hatten mit ihrer Entscheidung natürlich recht.

Wer seinen Hund allerdings dazu erzieht, immer und unter allen Umständen die Kontrolle abzugeben und alle Entscheidungen seinem Menschen zu überlassen, der muss mit üblen Folgen rechnen. Eine dieser Folgen kann Trennungsangst sein. Denn wer nie für sich selber sorgen und entscheiden darf, gerät natürlich leicht in Panik, wenn die Person verschwindet, die das für ihn erledigt. Und ist es nicht nachvollziehbar und logisch, dass ich permanent aufpassen muss, dass mir dieser Mensch ja nicht aus den Augen kommt? Was tue ich, wenn er weg ist? Wer passt dann auf mich auf? Wer trifft dann die Entscheidungen für mich? Wer kümmert sich, wenn ich in Gefahr bin? Ein Hund, der nichts entscheiden darf, der nie selber etwas erkunden darf, der aus Erkundungen nichts lernen kann, dem alles abgenommen wird, der immer und überall – in der Regel durch Kommandos – unselbständig sein muss, wird dann ausschließlich und immer das kontrollieren, was ihm noch bleibt: den Menschen, der ihm die Kontrolle über seine Umwelt abgenommen hat.

Es gibt verschiedene Gründe, warum Menschen ihren Hunden so etwas antun. Einer ist sicher übertriebene Fürsorglichkeit. Der Hund einer Bekannten durfte sich nicht mal selber kratzen: „das macht Frauchen doch für dich". Ja, und was ist, wenn sie nicht da ist? Ein anderer ist ein übertriebenes menschliches Kontrollbedürfnis, das leider durch viele Trainer auch noch gefüttert wird: „wenn du deinen Hund nicht immer im Griff hast (sprich 100%ige Kontrolle), dann ..." und es folgen die schlimmsten Szenarien von gebissenen Kindern, über Hunderaufereien, angeblichen Rangordnungsproblemen bis zu durch den Hund verursachten Autounfällen und was dergleichen Unfug mehr ist. Wenn von Hunden so eine permanente Gefahr ausginge, die man nur durch 100% Kontrolle in den Griff kriegen kann, dann sollte man sich schon fragen, wie das eigentlich seit Tausenden von Jahren mit Hunden und Menschen gut gehen kann. Glaubt irgendjemand ernsthaft, dass 100%ige Kontrolle eines anderen Lebewesens tatsächlich möglich ist? Wir sind ja kaum in der Lage unsere Computer und andere Technik, also von uns selbst erzeugte und programmierte Gegenstände zu kontrollieren. Wie soll das dann bei einem denkenden und fühlenden, intelligenten Lebewesen möglich sein? Und weil wir das wissen, fangen Menschen an, Hunde unglaublich unter Druck zu setzen, damit sie gar nicht erst auf die Idee kommen, eigene Gedanken und Ideen zu entwickeln. So muss der Hund beispielsweise immer und permanent „Platz" machen, wenn man irgendwo im Restaurant sitzt. Wehe, er steht auf, dann geht sofort die Welt unter. Oder er muss beim Spaziergang immer an der Leine laufen und da natürlich „bei Fuß". Nur ab und zu wird ihm erlaubt, zu schnüffeln, zu pinkeln oder zu kacken. Der Hund ist also vollkommen dem Willen und den Entscheidungen seines Menschen ausgeliefert und bewegt sich nur noch als Marionette durchs Leben.

Zum Abschluss eine hoffentlich abschreckende Anekdote: Ich hatte auf einer Hundeveranstaltung in Berlin einen Stand und verkaufte dort auch Zubehör, unter anderem Holzspielzeug. Mutter und Tochter mit einer sehr netten, schüchternen Staffhündin kamen vorbei und interessierten sich dafür. Für solche Fälle habe ich immer meine eigenen Spielsachen dabei, damit man das einfach mal testen kann. Die Hündin ging – große Überraschung – voller Interesse mit der Nase hin, sie wurde aber sofort am Halsband mit einem sicher schmerzhaften Ruck zurückgezogen mit der unfreundlichen Bemerkung „pass auf!" Ja, was hatte sie wohl gerade gemacht? Sie setzte sich steif und starr hin, sah nur noch gerade aus und man konnte regelrecht sehen, wie sie dachte: nur nix falsch machen und durchhalten, alles geht vorüber. Glauben Sie ernsthaft, dass die beiden Frauen und ihre Hündin an dem Spielzeug Spaß hatten? Dass sie ihrem netten, verschüchterten Mädchen begreiflich machen konnten, dass das hier „Spiel und Spaß" bedeutet? Wohl kaum.

In diesem Sinne: Wenn ich meinen Hund Hund sein lassen möchte, bedeutet das auch, dass ich ihm sein Bedürfnis nach Kontrolle zugestehe. Egal ob es sich um Holzspielzeug oder die Hinterlassenschaft des Nachbarhundes handelt, Hunde kontrollieren bevorzugt mit der Nase und darin sind sie uns gnadenlos überlegen. Kontrolle behalten heißt auch, dass mein Hund mal sagt: das mach ich nicht. Und ganz ehrlich: meistens haben die Hunde mit solchen Entscheidungen Recht.

3.18. Alleine bleiben

Jeder Hund sollte auch mal allein bleiben können, allerdings muss er das lernen. Für einen Hund ist es nicht selbstverständlich, dass jemand einfach weggeht und er darf nicht nachfolgen. Eine Hundemutter würde das niemals tun, wenn es nicht unumgänglich notwendig ist. Und selbst dann wären noch seine Geschwister da. Wenn Sie jetzt zu schnell den Kleinen allein lassen, kann passieren – und die Wahrscheinlichkeit ist sehr hoch -, dass er Trennungsangst aufbaut. Trennungsangst kann im schlimmsten Fall bedeuten, dass er Ihnen auch bei kurzer Abwesenheit die Wohnung zerlegt oder die Nachbarschaft zusammenheult. Um das zu vermeiden, gehen Sie lieber ganz langsam und behutsam vor. Sollte er bereits massiv unter dem Alleinsein leiden, müssen Sie sehr sorgfältig und behutsam das Alleinebleiben neu aufbauen.

Die wichtigste Regel beim Training zum längeren Alleinbleiben ist: Sie fangen niemals an, bevor Ihr Kleiner nicht mindestens ein halbes Jahr alt ist. Das ist so ungefähr der Zeitpunkt, zu dem er genügend Selbstvertrauen hat, um auch mal selbständig Unternehmungen zu starten. Wenn Sie früher anfangen, z.B. zwischen dem vierten und fünften Monat, stehen die Chancen gut, dass Bello in die zweite Fremdelphase kommt, in der Sie sicher kein so schwieriges Training anfangen sollten.

Sie können damit anfangen, die Tür anzulehnen, wenn Sie mal ganz kurz in einem anderen Raum sind, z.B. im Bad. Ganz kurz heißt aber auch wirklich: ganz kurz. Also nicht gleich eine halbe Stunde, sondern ein paar Sekunden, maximal eine halbe Minute. Warten Sie auf gar keinen Fall, bis er anfängt zu jammern, sondern kehren Sie zu ihm zurück, solange er noch ganz gelassen und ruhig ist. Wenn er anfängt zu jammern, sollten Sie auch definitiv nicht warten, bis er aufhört. Denn dieser Verlassenheitsruf heißt unter Hunden: „ich bin allein, komm und hilf mir". Keiner Hundemutter würde einfallen, ihr Kind dann aus „erzieherischen" Gründen allein zu lassen. Sie würde sofort hingehen und nachsehen, ob es ihm noch gut geht.

Wenn Sie jetzt nur ein paar Sekunden im anderen Zimmer waren und Bello sieht das ganz gelassen, dann machen Sie auch keinen großen Wirbel bei Ihrer Rückkehr. Weder beim Gehen noch beim Zurückkommen sind große Ankündigungen oder Belobigungen notwendig. Denn es soll ein normaler Bestandteil Ihres und seines Lebens werden, nicht eine Supersache mit

Superaction. Sagen Sie deshalb beim Weggehen höchstens etwas wie: „bleib schön da, ich komm gleich wieder" in ruhigem, freundlichem Ton. Wenn er Sie beim Zurückkommen freudig begrüßt, dann streicheln Sie ihn kurz oder sprechen ihn freundlich an und machen dann ganz normal weiter. Ganz allmählich verlängern Sie die Aufenthaltsdauer. Verbinden Sie das mit Alltagsarbeiten im Haus wie: Wäscheaufhängen, Mülleimer rausbringen, Einkauf aus dem Auto räumen ... Manchmal ist er dabei, manchmal nicht. So wie es im Alltag denn eben später sein soll.

Nach einigen Monaten, wenn Sie alles gut aufgebaut haben, können Sie daran denken, ihn auch mal etwas länger allein zu lassen. Auch dann fangen Sie bitte nicht gleich mit einem mehrstündigen Opernbesuch an, sondern erweitern Ihre Abwesenheit immer um ein paar Minuten. Wenn er also schon 20 Minuten gelassen erträgt, während Sie im Keller die Wäsche aufhängen, dann gehen Sie einfach mal 25 Minuten zur Nachbarin. Peu à peu erhöhen Sie immer um 5 Minuten, bis Sie bei einer Stunde sind. Dann um ca. 10 Minuten auf 2 Stunden, 15 Minuten auf 3 Stunden Abwesenheit. Länger als 4 Stunden sollten Ihren kleinen Freund aber nie allein lassen. Schließlich muss er mal Pippi, und das sollten Sie ihm schon spätestens nach 4 Stunden ermöglichen. Suchen Sie sich bitte jemanden, der ihn bei längerer Abwesenheit rauslässt oder mit ihm eine kleine Runde geht. Manchmal findet man in der Nähe ältere Leute, die früher mal einen Hund hatten und aus Vernunftgründen keinen mehr wollen. Die freuen sich vielleicht, wenn sie Ihre Pelznase mal für ein paar Stunden nehmen oder eine kleine Runde mit ihm drehen können. Dann können Sie auch mal unbesorgt ins Konzert gehen und müssen kein schlechtes Gewissen haben.

3.19. Spazierengehen, Spielen, Pausen

Viele Menschen holen sich einen Hund ins Haus, weil sie gerne spazierengehen, dabei aber nicht allein sein möchten. Mit einem Hund, so der Hintergedanke, geht man regelmäßig, öfter, bei jedem Wetter und länger. Dadurch bleiben beide fit und gesund. Das ist ein schöner Gedanke, der hoffentlich in Erfüllung geht.

Für einen Welpen ist es jetzt aber nicht das wichtigste, permanent zu spielen oder stundenlang spazieren zu gehen, sondern er muss die Welt kennen lernen und das ist keine Kleinigkeit, die man mal so nebenher erledigt: was gibt es alles im neuen Zuhause, wer wohnt nebenan, welche Hunde sind in der Nachbarschaft, wie läuft der Tag ab, wann gibt es was zu essen. Lassen Sie ihm viel Zeit, alles genau und ruhig kennen zu lernen, lassen Sie ihn viel selber erkunden, bleiben Sie bei ihm, damit er bei Ihnen Schutz suchen kann. Ganz wunderbar ist es, wenn Sie die Möglichkeit haben, die Gärten oder die Wohnungen von Freunden zu erkunden, oder auch mal eine Wiese, die er noch nicht kennt, ein sicheres Grundstück im Gewerbegebiet ... eben alles, was für einen Hund spannend ist, wo er mit der Nase viele interessante Gerüche aufnehmen kann und nicht gefährdet ist. Sie bleiben dabei, beobachten ihn und sind immer zu Stelle, wenn er Ihren Schutz braucht. Sie glauben nicht, was Sie alles über ihn lernen und welch großen Gefallen Sie ihm damit tun.

Es gibt zwei Regeln für die Dauer eines Welpenspaziergangs: je Lebensmonat 5 Minuten oder je Lebenswoche 1 Minute. Auch bei Junghunden sollte man nicht übertreiben. Wenn man immer die 5 Minuten pro Monat zulegt, ist man bei einer Stunde, wenn er ein Jahr alt und so gut wie ausgewachsen ist. Ein Welpe sagt Ihnen erst, dass es ihm zuviel wird, wenn es eigentlich schon viel viel viel zu viel ist. Dann legt er sich einfach hin und geht nicht mehr weiter. Oder er fängt an, in die Leine zu beißen oder an der Leine zu zerren.

Überlegen Sie mal, was Ihr Kleiner alles bewältigen muss: er muss wachsen, das kostet viel Kraft. Seine Gelenke, Sehnen, Bänder, Knochen, alles ist noch ganz weich und wenn das zu stark gefordert und belastet wird, sind gesundheitliche Folgen garantiert. Zudem geraten die Hunde immer mehr in eine ganz unerfreuliche Spirale: durch die Überforderung werden sie enorm gestresst. Ein gestresster Hund kommt aber nicht zur Ruhe. Also wird er pausenlos unruhig rumhampeln, Sie zum Spielen auffordern, seine Spielsachen rumschleppen, draußen keine Ende finden, im Spiel mit anderen total aufgedreht wirken ... Viele Leute meinen dann: der braucht mehr, der ist nicht ausgelastet. Aber das Gegenteil ist der Fall. Der Hund hat viel zu viele Eindrücke, die er gar nicht verarbeiten kann, und kommt weder körperlich noch geistig zur Ruhe. Im Endeffekt wird hier eine unerträgliche Nervensäge herangezogen, die irgendwann ihren Menschen nur auf den Geist geht.

Denn auch Ruhe geben und zur Ruhe kommen muss gelernt werden. Und das fängt beim Spaziergang an. Nicht bei jedem Spaziergang muss etwas aufregendes passieren. Teilen Sie sich ihre Zeit so ein, dass Sie morgens und abends eine Pippi-Schnüffel-Runde machen, bei der nicht viel los ist. Zu einem Zeitpunkt, an dem es gut in Ihren Tagesablauf passt, gehen Sie die große Runde, die Sie jeden Monat um die besagten 5 Minuten verlängern. Hier wird auch mal etwas besonders geübt, ein wenig gespielt und Neues erkundet. Wenn er hin und wieder nette Freunde trifft, egal welchen Alters, ist das genug. Einige wenige Gehorsamsübungen an einem der Gänge sind mehr als genug. Was Sie konkret benötigen wie Herankommen und Anleinen. Leinenführigkeit üben Sie sowieso dauernd. Nach dem Spaziergang ist Ruhe angesagt. Da gibt es keine wilden zusätzlichen Toberunden im Garten. Nach der Pause ist auch mal eine kurze Spielrunde drin, aber auch die sollte nicht länger als 5 Minuten sein und immer ruhig und beschaulich enden.

Gewöhnen Sie Ihre Pelznase an einen vernünftigen Rhythmus: aufstehen, Pippirunde, Frühstück, Pause. Denn nach dem Essen wird Ruhe gegeben. Zu einer vernünftigen Zeit wieder Spaziergang, Pause. Je älter der Hund wird, umso eher kann man einen der Spaziergänge so ausdehnen, dass das der Hauptgang wird. Die Uhrzeit ist egal, das können Sie Ihrem Tagesablauf anpassen. Irgendwann sollten Sie noch eine kleine Spieleinheit einbauen. Wer schon weiß, dass er mit seinem Hund etwas Bestimmtes machen möchte, z.B. Mantrailing, Tricks, Apportieren, was auch immer, kann jetzt schon mit kleinen Übungen spielerisch anfangen. Wichtig ist dabei nur, dass es nicht zu lange dauert, dass die Aufgabe einfach und freundlich gestaltet wird und dass alles immer ruhig mit einer Pause endet. In den Pausen kommt er nicht nur zur Ruhe, sondern er verarbeitet auch das Gelernte.

Oberste Priorität bei Welpen und Junghunden hat die Erkundung der Welt. Der Spaziergang, der uns zunehmend weiter weg von zuhause oder auch mal in einen anderen Ort führt, dient vor allem dazu, dass Bello die Welt in ihrer ganzen Vielfalt kennen lernt. Dazu muss man langsam und behutsam vorgehen, er muss viel Zeit haben, alles genau zu kontrollieren und zu erfassen. Je neuer etwas ist, um so weniger kann ich erwarten, dass er meine Anweisungen befolgt oder mit mir spielen möchte. Es ist auch für Sie von unschätzbarer Bedeutung, wenn Sie ihn jetzt einfach beobachten: was macht er wann? Setzt er sich hin, wenn er mit etwas Unbekanntem konfrontiert ist, möchte er mehr Abstand oder lieber näher hin? Was können Sie tun, um ihn freundlich dabei zu unterstützen? Wann nehmen Sie ihn aus der Situation und wie kriegen Sie das freundlich hin? Wenn Sie sich damit befassen, werden Sie sehen, dass ein Spaziergang nicht nur einfach „Bewegung und Auspowern an der frischen Luft" ist, sondern viel viel mehr und Sie profitieren erheblich davon.

3.20. Beschäftigung

Vielleicht machen Sie sich Gedanken darüber, wie Ihr Hund sinnvoll beschäftigt werden kann. Wir bieten in unserer Hundeschule u.a. Nasenarbeit und Tricks an. Es kann durchaus sinnvoll sein, sich einen geeigneten Sport für Mensch und Hund zu suchen: die Hunde haben eine Aufgabe und Sie eine nette Beschäftigung mit Ihrem Hund. Beide bleiben dabei körperlich und geistig fit und wachsen und leben auf eine gute Art zusammen. Nur immer am Grundgehorsam zu arbeiten, macht schließlich auf Dauer auch keinen Spaß und das Angebot ist für Hunde und ihre Menschen sehr vielfältig. Bedenken Sie auch bitte bei allem, dass Ihr Hund wahrscheinlich einfach glücklich und zufrieden ist, wenn er bei Ihnen sein, täglich nette Spaziergänge machen und kleine Aufgaben im Zusammenleben erledigen kann. Hunde müssen ebenso wenig wie Menschen pausenlos beschäftigt oder bespaßt werden. Wenn Sie eine für beide ernst zu nehmende Tätigkeit finden, an der beide Freude haben, spricht nichts dagegen, dass Sie so etwas dann auch in Angriff nehmen.

Indiana und Maxl bei ihrer selbstgewählten Aufgabe: aufpassen

Egal, was Sie für Ihren Vierbeiner aussuchen, beachten dabei bitte die folgenden Grundsätze:

- Auf keinen Fall darf Ihr Hund gesundheitlichen Gefahren ausgesetzt werden. Wenn aus Anleitungen zu manchen Sportarten schon hervorgeht, dass ein Verletzungsrisiko sicher besteht, dann lassen Sie die Finger davon. Es gibt nie einen 100%igen Ausschluss von Risiken, aber man sollte sie nicht gleich von Anfang an einkalkulieren.
- Das eine ist, was Ihnen gefällt, das andere: gefällt es auch Ihrem Hund? Manch ein angeblicher Schutz- und Trutzhund verbringt seine Tage lieber als Couchpotato und manch ein Schoßhündchen wird zum begeisterten Mantrailer. Probieren Sie einfach mal was aus. Dazu kann man ein Seminar besuchen, sich belesen oder Sie lassen sich beraten.
- Sollten Sie ein Seminar besuchen, achten Sie bitte darauf, wie mit Ihrem Hund umgegangen wird. Hunde lernen definitiv am schnellsten und besten, wenn sie entspannt sind. Wer Druck macht, kommt nicht weit. Gehen Sie es also langsam und geruhsam an. Wer „Freizeit"spaß mit Druck und Dauerkommandos durchsetzt, hat nicht wirklich begriffen, um was es geht.
- Die beste Beschäftigung für Ihren Hund ist eine Aufgabe, die Sie ihm übertragen, noch besser: die er sich selber sucht. Wenn Sie merken, dass er gerne aufpasst, dann lassen Sie ihn das doch tun. Es kommt nur darauf an, dass er sich nicht verselbständigt. Und wenn er lieber Tricks lernt, als beim Agility-Turnier zu starten, dann geben Sie ihm ruhig nach.

Folgende Sportarten lehne ich für Hunde ab:
- Frisbee: es bedeutet Stress pur für Hunde und birgt ein extremes Verletzungsrisiko, da die Hunde unnatürlich hohe und viele Sprünge machen müssen.
- Schutzdienst: die Hunde werden zur überzogenen Aggressivität erzogen und zu reinen Befehlsempfängern degradiert. Auch dieser Sport ist für Hunde sehr ungesund. Ihr Hund stellt im schlimmsten Fall eine reale Bedrohung für andere Menschen dar und es ist nicht einzusehen, warum man Hunde zu lebenden Waffen ausbilden sollte.
- Agility gehört zu den Sportarten, die man mit gesundem Misstrauen betrachten sollte. Bei vielen Hundeschulen und / oder Vereinen geht es vor allem darum, dass möglichste viele Teams auf Turniere geschickt werden. Für Ihren Hund ist das weder gesund noch schön. Mittlerweile ist erwiesen, dass für Hunde über 10 Kilo Agility gesundheitsschädigend ist. Lassen Sie also lieber die Finger davon.

Und das kann man einfach mal ausprobieren:

- Gegen vernünftiges Gerätetraining oder Balancieren und Klettern über sichere Hindernisse bestehen keine Bedenken. Wichtig ist, dass Sie Ihren Bello so langsam und behutsam heranführen, dass keine Verletzungsgefahr besteht und Sie und er Spaß daran haben.
- Nasenarbeit ist immer gut. Sie lasten Ihren Hund so artgerecht wie nur möglich damit aus. Jede Art der Nasenarbeit, ob Mantrailing oder Apportieren, lässt sich so umbauen, dass auch Couchpotatoes ihre Freude dran haben.
- Tricks, Dogdancing: Bei diesen Sportarten besteht in der Regel kein gesundheitliches Risiko. Sie müssen nur darauf achten, dass es sauber und freundlich in kleinen Schritten und mit entspanntem Training aufgebaut wird.

3.21. Schnüffeln und Erkunden

Hunde erleben und erkennen die Welt am besten mit der Nase. Verglichen mit uns ist selbst ein kurznasiger Mops ein Hochleistungssportler. Ihr Hund kann z.B. zwei Behälter mit 10.000 Litern Wasser geruchlich unterscheiden, wenn in einen 2 (zwei) Tropfen Salzsäure gegeben werden. Er könnte auch auf einem Sandfeld von 50 Metern Länge, 10 Metern Breite und 50 Zentimeter Tiefe einen Gegenstand von der Größe von 2 (zwei) Sandkörnern finden. Es gibt viele gute Bücher, in denen dieses Thema ausführlich behandelt wird. Wenn Sie das interessiert, sollten Sie sich also Literatur besorgen. Hier geht es darum, warum Sie Ihre Pelznase so viel wie nur möglich schnüffeln lassen sollten.

Stellen Sie sich vor, Sie gehen mit Ihrem Partner oder Freunden in einer unbekannten Gegend spazieren. Selbstverständlich möchten Sie langsam gehen und möglichst oft stehenbleiben, um sich etwas anzusehen, was Sie interessiert: eine interessante Geschäftsauslage, ein schönes Haus, die wunderbare Natur... egal, etwas, das Sie eben bemerkenswert finden. Außerdem möchten Sie sich gerne den Weg merken, damit Sie auch ohne Freunde und Partner wieder zurück nach Hause finden. Und jetzt stellen Sie sich vor, egal was Sie tun möchten, jedes Mal, wenn Sie stehen bleiben oder langsamer werden, zerren Ihre Freunde oder Ihr Partner Sie weiter, womöglich mit einer ungeduldigen Bemerkung: jetzt komm schon, trödel nicht so, sei nicht so neugierig. Nette Vorstellung? Wohl kaum. Vermutlich halten so weder eine Freundschaft noch eine Beziehung lange, da auf Ihre Bedürfnisse keine Rücksicht genommen wird.

Genau so geht es Hunden, die nie schnüffeln dürfen, denen man keine Zeit lässt, ihre Umgebung zu erkunden oder denen man sogar ganz und gar verbietet zu schnüffeln. Ja, richtig, gerade bei sehr jungen Hunden braucht man manchmal viel Zeit, bis sie Grashalm für Grashalm, Hauseck für Hauseck, Steinchen für Steinchen abgeschnüffelt und kontrolliert haben. Aber das ist notwendig. Denn nur so kann er seine Welt wirklich kennen lernen. Menschen sind visuell orientiert, d.h. vor allen anderen Sinneseindrücken ist bei uns am wichtigsten, was wir mit den Augen wahrnehmen. Hunde hören und sehen auch gut, aber am wichtigsten ist für sie, was sie mit der Nase wahrnehmen, sortieren und verarbeiten können.

Wenn Ihr Hund viel Zeit für die Erkundung neuer Umgebungen braucht, dann wählen Sie eben eine kürzere Strecke und gehen mit ihm langsamer. Das ist ihm sowieso lieber. Hunde müssen nicht Strecke machen, für Hunde ist die Qualität des Spaziergangs bedeutend wichtiger als die Quantität. Mit anderen Worten: was ist Ihnen lieber? Ein geruhsame Stadtbesichtigung mit Konzentration auf einige Sehenswürdigkeiten oder ein Besichtigungsmarathon, nach dem Sie anschließend kaum noch wissen, was Sie gesehen haben? Nicht anders ergeht es Ihrem Bello.

Eine wunderbare Sache ist es, wenn Sie ihm so oft wie möglich anbieten können, neue, unbekannte Gegenden zu erkunden. Das können Straßenzüge in Ihrer Stadt sein, die er noch nicht kennt, aber auch die Gärten oder Wohnungen Ihrer Bekannten, die kein Problem mit Hunden haben, oder leerstehende, sicher eingezäunte Gewerbegrundstücke, Wiesen, auf denen Sie es sich gemütlich machen können, während Bello die ganze Umgebung erkundet, manche Hunde lieben Parkplätze, andere beliebte Hunderennstrecken an ruhigen Tagen, auch der Einkaufskorb, wenn Sie vom Wocheneinkauf kommen, oder Ihre Kleider nach einem Besuch bei Freunden werden gerne abgeschnüffelt ... egal, was Sie für ihn aussuchen, wichtig ist, dass er es wirklich gerne erkunden möchte und dass er genau so viel Zeit dafür hat, dass er in aller Ruhe alles anschauen – ähh abschnüffeln kann.

Wenn Sie ihm diese Möglichkeit bieten wo immer es auch geht, dann bekommen Sie nicht nur einen zufriedenen und vernünftig ausgelasteten

Hund, Sie bekommen auch einen sehr schlauen Hund, denn er hat ja die Möglichkeit, sein Supertalent auszuleben und zu trainieren.

3.22. Warum Strafe nichts bringt

Es gibt jede Menge Hunde, wahrscheinlich immer noch die überwiegende Mehrheit, die mit Strafe erzogen werden. Das Ergebnis ist ein mehr oder weniger gehorsamer Hund, mehr wenn der Besitzer oder der Trainer in der Lage ist, die Strafe richtig einzusetzen, weniger, wenn er das eben nicht kann. Bei Strafeinwirkung ist die richtige Dosierung, der richtige Moment und die richtige Strafe noch viel entscheidender, als Timing und die richtige Belohnung bei Erziehung über positive Motivation. Positive Motivation bedeutet aber garantiert nicht: ich füge meinem Hund etwas Unangenehmes zu und wenn er das unerwünschte Verhalten dadurch unterlässt oder das Erwünschte ausführt, gebe ich ihm ein Leckerchen. Positive Motivation heißt: die gestellt Aufgabe wird so gestellt, dass der Hund sie sicher lösen kann und für erwünschtes Verhalten wird eine Belohnung in Aussicht gestellt, die der Hund bekommt, wenn er das Richtige macht. Dass er das Richtige macht, wird durch gut geplantes Training sichergestellt. Die höchste Motivation ist das, was der Hund jetzt gerade am liebsten möchte, und wenn das nicht geht, etwas anderes sehr begehrtes.

„Strafe wird als negative Erfahrung beschrieben, welche die Häufigkeit des Auftretens eines Verhaltens vermindert." (Dorothée Schneider, Die Welt in seinem Kopf).

Eine negative Erfahrung kann individuell sehr unterschiedlich sein. Ein sensibler Hund gerät schon durch einen schiefen Blick seines Menschen durcheinander, aber es gibt auch extrem jagdtriebige Hunde, die trotz Einsatz eines Stromreizgerätes (Teletakt) auf höchster Stufe mit Feuereifer hinter einem Reh oder Hasen herjagen. Wie Ihr Hund auf eine Strafe reagiert, wissen Sie erst, wenn Sie ihn bestraft haben.

Folgende Möglichkeiten haben Sie, wenn Sie Ihren Hund mit Strafe erziehen wollen:
- Leinenruck
- Nackenschütteln
- schlagen, treten, würgen

- Einsatz von Ketten- und Stachelwürgern
- Sprühhalsband
- Stromreiz
- Isolierung,Vereinsamung
- psychische Verunsicherung.

Wie das alles funktioniert, soll hier nicht erklärt werden. Sie sollen nicht lernen, Ihren Hund zu bestrafen, sondern verstehen, warum ich Strafe im Umgang mit lebenden Wesen ablehne. Allerdings möchte ich auf die Punkte richtige Dosierung, richtiger Moment und richtige Strafe näher eingehen und die Nebenwirkung für Ihren Hund und Sie besprechen. Im Tierschutzgesetz (§3) ist zudem festgelegt, dass Zwangsmaßnahmen in der Ausbildung, die dem Hund körperliche Leiden zu fügen verboten sind. Der Einsatz von Stromreizgeräten ist vom Bundesverwaltungsgericht Leipzig für alle und jeden, also auch für Trainer, Polizisten und Jäger verboten worden und kann mit einer Strafe bis zu € 20.000,00 belegt werden.

Beispiel: Ihr Hund ist ein überschwänglicher Menschenfreund. Immer wenn er jemanden sieht, egal ob er ihn kennt oder nicht, freut er sich ein Bein ab und zieht hin wie verrückt. Das ist nicht jedermanns Sache, denn manche Menschen mögen keine Hundehaare auf den Kleidern oder sie mögen auch keine Hunde. Und das ist ihr gutes Recht. Also nehmen Sie einen Kettenwürger, an dem Sie jedesmal rucken, wenn Sie mit Ihrem Bello in eine derartige Situation kommen. Dazu sagen Sie immer laut und unfreundlich: pfui ist das! Ihr Hund kann das jetzt so interpretieren: Immer wenn ein Mensch, den ich eigentlich nett finde, entgegenkommt, wird mein Mensch unfreundlich (pfui ist das) und tut mir außerdem weh. Je nachdem, was Sie für einen Hund haben, kann sich das auf Dauer so auswirken:

1. Bello bekommt Angst vor entgegenkommenden Menschen und will auf gar keinen Fall vorbeigehen.
2. Bello blickt zwar nicht durch und ist auch verunsichert, aber er merkt, dass er nicht hingehen soll.
3. Bello gibt dem entgegenkommenden Menschen die Schuld und will ihn verjagen, also fängt er an zu bellen: hau ab da, sonst tust du mir weh.
4. Bello ignoriert das alles und Sie greifen solange zu härteren Maßnahmen, bis es endlich funktioniert.

Im ersten Fall bekommen Sie einen ängstlichen, unsicheren Hund, der sich nichts mehr zutraut, im zweiten einen verunsicherten, der aus Angst folgt, im dritten einen angstaggressiven und im vierten können Sie sich überraschen lassen, wie er Ihre Strafaktionen irgendwann beantwortet. Sicher nicht mit wachsender Menschenliebe. Variation 1 und 2 sind übrigens klassisches Training zur erworbenen Hilflosigkeit.

Erinnern Sie sich bitte an die Definition, die am Anfang steht. Sie möchten Ihren Hund dazu bringen, dass er etwas nicht mehr tut, wenn er es trotzdem tut, bestrafen Sie ihn. Strafe, wenn sie wirksam ist, hat aber den biologischen Sinn, dass der Hund entweder aus dieser Situation flieht oder sie in Zukunft meidet. Ein wirkliches Alternativverhalten lernt er dadurch nicht. Denn ein alternatives Verhalten wäre in unserem Beispiel das, was Sie sich wünschen: er soll an Menschen ruhig vorbeigehen.

Im zweiten Fall können Sie davon ausgehen, dass Sie im richtigen Moment die richtige Dosierung angewendet haben und auch die Art der Strafe war richtig. Was aber passiert, wenn Sie beim nächsten Menschen vorbei gehen, einen Moment nicht aufpassen und Bello hechtet wieder hin, ohne dass Sie an der Leine geruckt haben? Dann hatten Sie ein Problem mit dem Timing und Bello Erfolg. Wenn das mehrfach hin und her geht, haben Sie bei einem Hund, der hart im Nehmen ist, ein echtes Problem. Sie haben ihn dann nämlich variabel bestärkt und das ist die beste Belohnung, die es geben kann. Sonst würden nicht so viele Menschen Lotto spielen. Ihr Hund lernt evtl. sogar zu erkennen, wann Sie aufpassen und wann nicht. Unabsichtlich haben Sie somit seine Intelligenz geschult, aber Ihr Ziel haben Sie nicht erreicht.

Wenn Sie einen eher feinfühligen Hund haben, dann wird er verunsichert sein und nach einem System suchen, nach dem dieser schmerzhafte Leinenruck und der unfreundliche Ton kommen. Und schon haben Sie die schönsten Fehlverknüpfungen, die bei manchen Hunden bereits nach der ersten Anwendung einer Strafe auftreten können: z.B. ist im gleichen Moment ein Kind vorbei geradelt, eine Mutter hat ein schreiendes Baby in der Nähe im Kinderwagen geschoben, ein Flugzeug erschien am Himmel ... Und aus Gründen, die Sie überhaupt nicht nachvollziehen können, ist Ihr Hund in Zukunft beim Anblick eines Kindes auf dem Fahrrad, einer Frau mit Kinderwagen, wenn ein Kind schreit oder bei jedem Brummgeräusch je nach dem ängstlich oder aggressiv. Es kann Ihnen passieren, dass er, vor lauter Angst wieder bestraft zu werden, in solchen Fällen alle Tätigkeiten einstellt, ein Schulbuchbeispiel für erlernte Hilflosigkeit. Vielleicht wird er aber auch richtig aggressiv gegenüber jedem, der von vorn kommt. Denn in seinen Augen ist der von vorn kommende derjenige, der den ganzen Stress auslöst.

Sie wollten aber einen Hund, der ruhig an Passanten vorbeigeht.

Wenn Sie sich überlegen, dass meine freundlichen Methoden nicht so funktionieren, wie Sie es gerne hätten, und Sie doch einmal Strafen austesten möchten, dann sollten Sie sich vorher folgende Fragen stellen: Bin ich in der Lage, immer sofort zu Beginn des unerwünschten Verhaltens strafend einzuwirken, also genau in dem Moment, in dem mein Hund auch nur daran denkt, jetzt sofort etwas Unerwünschtes zu tun?

Bin ich in der Lage, ungewollte Fehlverknüpfungen der Strafe mit allen vorhandenen Umweltreizen auszuschließen und ihnen auch künftig auszuweichen?

Bin ich in der Lage, meinen Hund zukünftig lückenlos zu überwachen und jedes unerwünschte Verhalten immer im richtigen Moment und in der richtigen Dosierung zu bestrafen?

Ich kann für mich diese Fragen im besten Fall mit „zu 50%" beantworten, und vermutlich bin ich genauso wenig wie Sie in der Lage meinen Hund lückenlos zu überwachen. Wenn Sie aber mit Strafe arbeiten wollen, dann müssen alle Voraussetzungen erfüllt sein, nicht nur eine oder zwei, sondern **ALLE!**

Strafe erzeugt Stress, und Stress mindert die Denk- und Leistungsfähigkeit. Die Energie, die Ihr Hund braucht, um sich auf die Vermeidung der Strafe zu konzentrieren, fehlt ihm bei der Bewältigung der gestellten Aufgabe. Und Stress im Hundetraining fördert mit Sicherheit auch nicht die Beziehung zwischen Ihnen und Ihrem Hund.

Außerdem sollten Sie sich überlegen, ob es ethisch vertretbar ist, ein anvertrautes Lebewesen so zu behandeln, dass Negativfolgen unabwendbar sind. Wenn Sie ein unerwünschtes Verhalten ändern wollen, dann Sie müssen genauso auf Ihren Hund aufpassen und auf zu erwartende Reaktionen gefasst sein, aber Sie gehen freundlich mit ihm um, Sie zeigen ihm einen Ausweg und zum Schluss können Sie ihn belohnen. Sie können sicher sein, dass Sie sich dann selber wesentlich besser und glücklicher fühlen, wenn Bello und Sie die oben beschriebene Situation positiv gemeistert haben.

3.23. Brustgeschirr und lange Leine

In unserer Hundeschule arbeiten wir ausschließlich mit Brustgeschirr und langer Leine (3 - 5 Meter), da es nur sehr wenige Gründe gibt, einem Hund ein Halsband umzulegen. Was sind die Vorteile von Brustgeschirr und langer Leine? Klinische Studien haben bewiesen, dass durch Halsbänder viele Hunde gesundheitliche Probleme bekommen. Da auch der gut erzogene Hund ab und zu an der Leine zieht – oft ist es aber meistens der Mensch – kommt eben doch immer wieder mal Druck auf den Hals und das kann sehr unangenehme Folgen haben.

Ein gut sitzendes Brustgeschirr schont die Halswirbelsäule Ihres Hundes. Ein Ruck an der Leine überträgt sich immer auf die Wirbelsäule. Bandscheibenvorfälle werden dadurch provoziert, je nachdem wie oft und wie stark an der Leine geruckt wird. Der Druck setzt sich bis in die Hinterhand fort und bei ständigem Geruckel an der Leinen können Schäden bis in die Hüften und Knie entstehen. Außerdem können Hunde, ebenso wie Menschen, am HWS-Syndrom und dadurch entstehenden Kopfschmerzen leiden.

- Der Kehlkopf und die Halsmuskulatur werden ebenfalls durch ein Brustgeschirr geschont. Der Druck auf den Kehlkopf ist für Hunde sehr unangenehm und oft schmerzhaft, vor allem, wenn er eine Moxonleine, einen Kettenwürger oder gar ein Stachelhalsband trägt. Beeinträchtigungen der oberen Atemwege, Kehlkopfquetschungen und Verspannungen in der Halsmuskulatur sind auf Dauer ohne Brustgeschirr kaum zu vermeiden. Die Folgen sind wie beim Menschen: Schwindelgefühl, Kopfschmerzen, Schmerzen in der Wirbelsäule. Ein Hund kann uns aber nicht sagen, wenn ihm schwindlig ist oder er an Kopfschmerzen leidet. Aggressives Verhalten kann eine Folge von dauerhaften Schmerzen sein. Durch Studien wurden diese Auswirkungen untersucht und bestätigt (Anders Hallgren, Rückenschmerzen beim Hund, animal learn Verlag).
- Eine Studie der American Animal Hospital Association belegt, dass der Augendruck bei Hunden augenblicklich steigt, wenn Druck auf das

Halsband kommt. Erhöhter Augendruck führt aber auch wieder zu Schwindelgefühl und Kopfschmerzen.

- Der Hals ist ein wichtiges Organ in der sozialen Kommunikation bei Hunden. Auch wir Menschen lassen nicht jeden an unseren Hals. Berührungen an der Oberseite sind für Hunde häufig Dominanzgesten, das Zeigen der Unterseite kann Unterwerfung ausdrücken, die seitlichen Partien sind guten Freunden zum liebevollen Kontakt vorbehalten. Trägt der Hund ein Halsband, an dem auch noch – für ihn unkontrollierbar – herumgeruckelt wird, stumpft der Hals ab. Stellen Sie sich vor, Sie haben ein Halsband um, an dem jeder X-Beliebige rucken darf, ohne dass Sie es abstellen können.
- Wenn Sie Ihren Hund „schnell" festhalten müssen und Sie nehmen ihn am Halsband, bringen Sie ihn automatisch in Imponierstellung, auch wenn Sie das nicht wollen. Denn ein entspannter Hund trägt den Kopf ungefähr auf gleicher Höhe wie den Widerrist, erhöhte Aufmerksamkeit oder Imponieren zeigt sich auch durch eine höhere Körperspannung und einen hoch erhobenen Kopf. Beides erzeugen Sie automatisch durch das Hochziehen am Halsband. Das kann zu unerfreulichen Missverständnissen mit anderen Hunden führen, denn das Führen über Halsband beeinflusst die Körpersprache des Hundes.

Außer diesen gesundheitlichen und sozialen Aspekten gibt noch andere wichtige Argumente für das Tragen eines Brustgeschirrs:
Sollten Sie mal schnell nach Ihrem Hund greifen müssen, z.B. weil er sich anschickt, auf einen anderen Hund loszugehen, erwischen Sie ihn am Rückensteg des Geschirrs viel besser und schneller als am Halsband. Dies gilt ganz besonders für Hunde mit langem Fell, bei denen man das Halsband erst aus dem Gezottel heraussuchen muss.

Welpen fallen oft und gern in alle möglichen Löcher. Am Brustgeschirr können Sie ihren Kleinen unkompliziert herausziehen, am Halsband erwürgen Sie ihn – hoffentlich nur fast. Welpen muss man oft mal ganz schnell festhalten, damit sie keinen Unsinn anstellen. Wenn Sie Ihren Hund dann jedesmal am Halsband packen, ist das für ihn sehr unangenehm, weil er diesen schnellen Griff in den Nacken als massive Bedrohung empfindet. Er wird also versuchen, dem auszuweichen und will vielleicht gar nicht mehr in Ihre Nähe kommen. Zwar sollte man ihn auch am Brustgeschirr nicht pausenlos packen, aber es ist für Ihren Hund immer noch angenehmer als am Halsband. Durch die Schmerzen, die dem Hund durch Halsbänder, vor allem durch die verbotenen Würge- und Stachelhalsbänder zugefügt werden, entstehen oft Fehlverknüpfungen mit fatalen Folgen.

Stellen Sie sich vor, Ihr Hund trägt ein zu schmales Halsband aus Metall. Sie begegnen einem Hund, den Ihrer nicht mag. Sie nehmen die Leine kurz um einen Zwischenfall zu vermeiden, und automatisch ziehen und/oder rucken Sie am Halsband. Das tut Ihrem Hund aber weh. Er lernt also: immer wenn ich diesen Hund sehe, tut es mir weh. Glauben Sie wirklich, dass er durch Schmerzen lernt, den anderen zu akzeptieren? Er wird eher lernen, dass der Anblick von Hunden etwas Unerfreuliches zur Folge hat und deshalb auch auf ihren Anblick zunehmend aggressiv reagieren.Viele Menschen versuchen, ihren Hund mit Leinenruck zu erziehen. Dieser Ruck wird vom Hund eher als Angriff verstanden, dem er schleunigst ausweichen muss. Unangenehmen Dingen versuchen Hunde immer auszuweichen, gerade dann, wenn sie dadurch Schmerzen erleiden. In der Zeitschrift „Partner Hund" beschrieb vor mehreren Jahren eine Physiotherapeutin, dass sie mit ihrem kleinen Sohn von ca. 4 Jahren folgenden Versuch unternommen hat: sie legte ihm ein Halsband um und ging mit ihm in der Wohnung an der Leine. Sobald Druck auf das Halsband kam, versuchte das Kind diesem auszuweichen, indem es noch mehr zog! Sie beendete den Versuch sehr schnell, da sie ihr Kind ja nicht quälen wollte. Aber sie konnte ihm nicht begreiflich machen, dass es „nur nicht zu ziehen" brauchte, um den Druck zu vermeiden. Und genauso geht es unseren Hunden.

Ein weiterer Aspekt, den wir schlecht beeinflussen können, sind unsere frei beweglichen Hände. Viele Menschen sind selbst in entspannten Momenten nur schwer in der Lage, ihre Hände ruhig zu halten. Ständig zuppeln sie an ihren Fingern oder ihrer Kleidung herum. Wenn Sie eine Leine in der Hand halten, dann wird häufig damit rumgefummelt. Jede Bewegung, die Sie aber mit der Leine machen, spürt auch Ihr Hund, und zwar 1:1. Ja, richtig, er spürt das auch am Brustgeschirr und auch da sollte man seine Hände ruhig halten. Aber so ein Dauergezuppel am Hals bewirkt selbst beim sanftesten Hund irgendwann, dass er nur noch weg will von Ihnen. Es ist also absolut notwendig, dass man seine Hände ruhig hält und außerdem der Hund ein Brustgeschirr trägt.

Ein Brustgeschirr ist dann richtig, wenn Sie folgende Kriterien beachten: Es sollte leicht, weich und anschmiegsam sein. Weder das Material selbst, noch die Vernähungen oder Verschlüsse sollten am Körper scheuern oder einschneiden. Leder eignet sich deshalb oft nicht oder muss sehr gut mit Lederpflegemitteln weich gehalten werden. Die Verschlüsse müssen so abgerundet sein, dass sie sich dem Körper gut anpassen, und sie sollten so stabil sein, dass sie nicht beim ersten Zug kaputtgehen und auch extremere Temperaturen wie im Winter aushalten. Das Material muss waschbar sein, denn Hunde haben oft merkwürdige Vorstellungen, mit was man sich so alles parfümieren kann. Das Geschirr soll auf beiden Seiten zu öffnen sein, Geschirre, in die der Hund einsteigen muss, sind unpraktisch und nicht gut geeignet. Die Gurte, vor allem der Rücken- und der Bruststeg müssen gut und fest vernäht sein, so dass sie beim Laufen nicht verrutschen. Die Geschirre für den Sicherheitsgurt sind für den Alltag nicht geeignet, ebenso alle Geschirre, die lockere Teile haben, die beim Laufen rumschlackern. Wenn Ihr Hund das Geschirr noch nicht gewöhnt ist, sollten Sie es ihm nur unter Aufsicht dranlassen. Sonst kann leicht passieren, dass er es „mal etwas genauer" untersucht.

Eine lange Leine verwenden wir aus folgenden Gründen:

1. Wenn Ihr Hund an der Leine läuft, soll er auch mal ein bisschen neben, vor oder hinter Ihnen schnuppern oder sein Geschäft erledigen können. Mit einer Einmeterleine müssen Sie jedes Mal stehenbleiben oder er zieht. Das ist weder für Sie angenehm, weil Sie dann ungeduldig werden, noch für Ihren Hund, weil er Ihre Ungeduld zu spüren bekommt. Meistens werden die Hunde dann weitergezogen. Und wer hat dem Hund dann das Ziehen an der Leine beigebracht?
2. Bei kleinen Hunden reicht die kurze Leine gerade aus, um die Distanz von Ihrer Hand bis zum Rücken zu überwinden, bei großen brauchen Sie schon einen Meter um über den langen Rücken zu kommen. Sobald sich Ihr Hund auch nur ein bisschen von Ihnen weg bewegt oder sich bückt, muss er an der Leine ziehen.
3. Es gibt immer wieder Situationen, in denen ein Hund an der Leine geführt werden muss:
   - eine Hündin ist läufig und muss abgesichert werden
   - ein Rüde soll daran gehindert werden, hinter läufige Hündinnen herzurennen
   - Sie gehen im Wald spazieren und Ihr Hund würde gerne die Hasen und Rehe besuchen Sie gehen ein Stück an einer befahrenen Straße
   - Sie leben in einer Gegend, in der Leinenpflicht herrscht und müssen mindestens einmal am Tag dort spazierengehen

   .....

In solchen Situationen muss Ihr Hund aber schnüffeln, urinieren und koten können, ohne dass Sie mit ihm im Gebüsch verschwinden müssen oder er eben pausenlos an der Leine zieht. Eine Drei-Meter-Leine, die bei Bedarf auf 1,5 - 2 Meter verkürzt werden kann, hat sich da sehr gut bewährt. Bei Hunden, die überwiegend an der Leine geführt werden, empfiehlt sich im freien Gelände eine 5-Meter-Leine.

Bei Leinen empfehlen wir langlebige Fettlederleinen oder gummierte Kunststoffleinen. Sie sollten allerdings darauf achten, dass der Kunststoff sehr weich ist, bzw. keine Ösen und Ringe in der Leine befestigt sind, damit Sie sich nicht an der Hand verletzen, wenn diese Ihnen einmal schnell durch die Hand gezogen wird. Deshalb ist es empfehlenswert, Fahrradhandschuhe zu tragen, bei denen die Finger frei sind. Da Lederleinen bei Nässe leicht glitschig werden, verhindern die Handschuhe, dass die Leine Ihnen durch die Hand rutscht. Leinen, die länger als 3 Meter sind, sollten anstelle einer Schlaufe einen Knoten ca. 25 Zentimeter vor Leinenende haben. Lange Leinen lässt man auch mal am Boden schleifen, eine Schlaufe kann hängen bleiben, ein Knoten nicht so leicht. Der Knoten verhindert, dass Sie die Leine versehentlich verlieren, wenn sie Ihnen durch die Hand läuft.

3.24. Entwurmung

Wann sollten Sie Ihren Hund entwurmen? Wenn er Würmer hat.

Um das festzustellen, holt man sich beim Tierarzt Stuhlbriefchen, nimmt von 3 aufeinanderfolgenden Stuhlgängen eine Kotprobe, je ein Löffelchen reicht, und bringt das gefüllte Briefchen zum Tierarzt mit der Bitte, den Kot auf Parasiten untersuchen zu lassen. Manche Tierärzte geben einem das ausgefüllte Untersuchungsformular mit und Sie schicken es direkt ins Labor. Wenn der Hund dann Parasitenbefall hat, weiß man genau, was man bekämpfen muss.

Auf keinen Fall sollte man seinen Hund pausenlos (z.B. alle drei Monate) prophylaktisch entwurmen. Es gibt mittlerweile bereits Wurmmittel, die bei bestimmten Parasiten nicht mehr ansprechen. Dies ist der gleiche Effekt wie bei der wahllosen Verwendung von Antibiotika für jeden Schnupfen: Irgendwann sind alle Erreger immun und man muss für einfache Krankheiten immer härtere Mittel anwenden. Außerdem schädigen die Wurmmittel die Darmflora und dadurch wird ein erneuter Parasitenbefall begünstigt. Denn nur eine intakte und gesunde Darmflora ist in der Lage, Parasiten abzuwehren. Es ist nicht so richtig logisch, wenn man denkt, man könnte prophylaktisch Würmer abtöten. Wie wollen Sie das machen, wenn er gar keine Würmer hat? Aber die Darmflora, die wird auf alle Fälle zumindest schwer geschädigt, denn das Wurmmittel geht nicht durch und sagt: du bist einer von den Guten, du darfst bleiben. Sondern alles, was hier zugange ist wird abgetötet. Nach einer Wurmkur müssen Sie eine Darmsanierung machen, das tun aber die wenigsten. Auf alle Fälle sollten Sie die Kotuntersuchung einige Wochen vor jeder Impfung machen lassen. Die Entwurmung muss dann vor der Impfung erfolgen, da ein Parasitenbefall die Impfung wirkungslos machen kann.

Wenn Ihr Hund viel Dreck frisst, z.B. Kot von Wild oder Katzen, wenn Sie kleine Kinder haben, wenn Ihr Hund manchmal im Zwinger ist und Hundeflöhe hat, sollten Sie die Untersuchung öfters durchführen und gegebenenfalls auch öfter entwurmen. Denken Sie aber bitte daran: sowie Ihr Hund an Kot schnüffelt, der z.B. mit Spulwürmern befallen ist, kann (muss nicht) er sich wieder infizieren. Ebenso kann (muss nicht) er sich einen Bandwurm holen, wenn er ein Maus fängt und frisst. Auch deshalb ist prophylaktisches Entwurmen nicht wirklich sinnvoll: entweder er infiziert sich relativ schnell wieder oder er hatte gar keine Würmer, und dann ist es sowieso sinnlos. Ein gesunder und gut ernährter Hund wird auch selber mit Parasiten fertig. Nicht jeder Schnupfen wird gleich zur Grippe und schon gar nicht zur Lungenentzündung.

Vorbeugend gegen Würmer können Sie Ihrem Hund Knoblauch in geringen Mengen und Kräuter ins Fressen geben. Das stärkt das Immunsystem. Auch Rohfleischfütterung wirkt in gewissem Maß vorbeugend, da die Hunde, die roh gefüttert werden, eine wesentlich stärkere Magensäure entwickeln. Eine starke Magensäure zerstört aber über das Maul aufgenommene Parasiten sehr viel leichter und ein gesundes Immunsystem wird auch mal mit ein paar Würmern fertig. Außerdem ist die Darmflora von roh gefütterten Hunden besser ausgebildet und bietet Parasiten einen unergiebigen Lebensraum.

Meinen ersten Hund konnte ich nie prophylaktisch entwurmen, da er jedesmal fürchterlichen Durchfall bekam. Seitdem mache ich die Kotprobenuntersuchung. In fast 40 Jahren Hundehaltung musste ich meine Hunde ca. 5 Mal entwurmen. Das spricht wohl für diese Methode.

3.25. Autofahren

Viele Hunde sind begeisterte Autofahrer, aber auch die, die im Auto nicht so glücklich sind, können lernen, damit klar zu kommen. Sie brauchen einen gemütlichen, sicheren Platz im Auto, auf dem sie sich sich wohlfühlen.

Eine Box im Auto ist ein wunderbares Transportmittel für Hunde, falls die Größe und die Ausstattung stimmen. Boxen, in denen er sich weder umdrehen noch hinstellen oder aufsetzen kann, sind ungeeignet. Mein Mann hat die Boxen für unsere Hunde selber gebaut und alle unsere Hunde oder auch Gästehunde gehen gerne hinein. Es gibt aber auch im Fachhandel gute Boxen zu kaufen. Eine Box sollte weich gepolstert sein und keine harten, scharfen Kanten oder Ecken haben, sie sollte gut befestigt sein, so dass sie nicht rutschen kann. Der Hund sollte guten Sichtkontakt zu Ihnen und nach draußen haben, es sollte die Möglichkeit geben, einen Wassernapf hineinzustellen. Ideal sind Wassernäpfe mit Deckeln, die nicht so leicht auskippen. Es gibt auch Modelle, die man in der Box oder am Gitter befestigen kann. Es muss nicht viel Wasser drin sein, aber so, dass Bello mal einen Schluck nehmen kann. Sehr praktisch bei Boxen ist, dass Sie auch mal – wenn Sie in der Nähe sind – die Türen oder die Heckklappe auflassen können. Besonders wenn es sehr warm ist, geht dann gut Luft durch und Bello muss nicht schwitzen.

Die zweitbeste Möglichkeit, die besonders für sehr große Hunde gut ist, ist ein Platz im Kofferraum eines Kombis. Der Einstieg sollte so sein, dass Ihr Hund nicht über eine hohe Wulst springen muss, das mögen viele Hunde nicht und es ist auch nicht gut für die Gelenke. Wenn Ihr Auto so eine Wulst hat, besorgen Sie sich bitte eine Einsteighilfe. Gerade für große Hunde, wenn sie vorsichtig daran gewöhnt werden, ist das ideal. Nach vorne muss der Kofferraum mit einem stabilen Gitter abgesichert sein. Auch wenn das oft viel Geld kostet, ist es besser, wenn Sie sich dieses Gitter von Ihrer Vertragswerkstatt einbauen lassen. Des Kauf des Billiggitters bei eBay bereuen Sie spätestens, wenn Sie scharf bremsen müssen und Bello wie eine Kanonenkugel mitsamt Gitter durchs Auto und durchs Fenster schießt.

Die drittbeste Lösung ist ein stabiles Gurtsystem auf dem Rücksitz. Auch hier sind gute Systeme im Handel und auch hier lohnt es sich, hochwertige Produkte zu kaufen. Kleinere, leichtere Hunde kann man so gut transportieren, für größere ist es nicht ideal, da sie auch auf dem Rücksitz nicht wirklich Platz haben. Außerdem halten die Geschirre ein Gewicht, das deutlich 15 Kilogramm übersteigt, meistens nicht aus. Bitte bedenken Sie auch, dass Sie das richtige Geschirr für diese Systeme verwenden. Das Geschirr an dem Sie Ihren Hund führen, ist nicht ideal, da es zu schmale Gurte hat. Falls Sie mal richtig in die Bremsen steigen, soll Bello durch die Gurte am Rumfliegen gehindert werden, wenn die Gurte zu schmal sind, kann das unangenehme Quetschungen geben.

Sie sollten nie mit ungesicherten Hunden im Auto fahren. Abgesehen davon, dass Sie bei einer Kontrolle (Stand heute) € 35,00 bezahlen und einen Punkt bekommen, ist es extrem gefährlich. Bei vielen Hunde wird es schon spannend, wenn Sie die Türe öffnen. Falls Sie den bei mir gelernten Grundgehorsam gut weiterführen, steigt er erst aus, wenn Sie es erlauben. Leider stelle ich aber immer wieder fest, dass auch Hunde, die in meiner Hundeschule waren, vollkommen unkontrolliert aus dem Auto hüpfen, sobald sich eine Gelegenheit dazu ergibt. Auf dem Autobahnrastplatz kann das zu schlimmen Unfällen führen. Wenn Bello im Auto gesichert ist, gehen Sie erst gar kein Risiko ein und schonen Ihren Geldbeutel und Ihr Flensburger Punktekonto.

Bei längeren Fahrten, die über zwei Stunden hinausgehen, sollten Sie immer mal wieder Pause machen. Das tut Ihnen gut und Bello auch. Sie und er können sich die Füße vertreten, Pippi machen, evtl. eine Kleinigkeit essen oder trinken und sich einfach von der Fahrt erholen. Wir haben schon lange Reisen mit Hunden unternommen und haben uns angewöhnt, dass wir alle zwei Stunden spätestens stehenbleiben und verschnaufen. Bei Tagesfahrten gibt es auch mal eine lange Pause von einer Stunde. Da ist dann ein etwas längerer Spaziergang drin und eine kleine Pause im Freien.

Wenn Ihr Bello sich im Auto wohlfühlt, haben Sie den Vorteil, dass er auf der Autobahnraststätte oder im Parkhaus bei Stadtbesichtigungen auch mal länger im Auto auf Sie wartet. Dazu müssen Sie ihn langsam gewöhnen. Ebenso sollten Sie ihn daran gewöhnen, dass er und Sie nicht sofort aus dem Auto springen, sobald Sie angekommen sind. Bleiben Sie einfach ab und zu – egal wo – ganz ruhig im Auto sitzen, es passiert nichts und nach einer angemessenen Zeit fahren Sie weiter oder steigen alleine oder mit ihm aus. So lernt er alles kennen, damit er ein angenehmer Begleiter im Auto wird.

3.26. Hund kotzt im Auto

Wenn Bello sich im Auto übergeben muss, muss man als erstes feststellen, warum. Dann kann man verschiedene Maßnahmen ergreifen, um das zumindest zu bessern. Manchmal erledigt es sich, wenn Hunde älter werden, andere Hunde steigen nie gerne ins Auto. Es gibt kein Patentrezept, Sie müssen einfach austesten, was hilft.

1. Was hat sich verändert, dass der Hund auf einmal im Auto kotzt?
   Bitte prüfen Sie: Neues Auto?
   Hat der Hund Grund, Angst zu haben?
   Fühlt er sich auf seinem Platz nicht wohl?
   Kotzt er im Auto bei bestimmten Situationen: schnelles Fahren, kurvige Strecken, Aufregung, weil jetzt gleich was Tolles passiert, usw. ...
   Dann sollten Sie sich überlegen, ob Ihr Hund sich im Auto nicht wohlfühlt und Sie das einfach durch Änderung des Sitzplatzes ändern können (Kofferraum, Rückbank, Box...) oder ob Ihrem Hund tatsächlich vom Fahren schlecht wird.
2. Über einen längeren Zeitraum wird der Hund im Auto gefüttert, so dass er das Auto mit etwas angenehmen verbindet und evtl. „vergisst", dass ihm schlecht werden muss.
3. Hund ins Auto setzen, Motor anlassen, einige Sekunden warten. Motor ausmachen, aussteigen. Am nächsten Tag: etwas länger den Motor laufen lassen, am 3. Tag: einige Meter fahren, z.B. aus der Garage raus und wieder rein, am 4. Tag: vors Grundstück fahren und wieder rein ... jeden Tag die Dauer der „Fahrt" etwas verlängern.
4. Hund mehrere Stunden vor der Fahrt nicht füttern, evtl. in den Pausen trockene Sachen wie Hundekuchen füttern, aber nur kleine Portionen.
5. Kurze Fahrten unternehmen, die immer mit etwas Schönem enden: Spiel, Besuch bei netten Leuten, oder irgend etwas, was der Hund sehr gerne macht.
6. Mehrwöchige Kur (2-3 Wochen) mit Cocculus D6, 3-5 Globuli oder ½ -1 Tablette 3 x täglich (Menge nach Größe des Hundes).

7. Vor der Fahrt Paspertin- oder Iberogasttropfen geben, die Dosierung sollte anfangs nicht zu hoch sein, evtl. mit dem Tierarzt absprechen und ihm die genauen Gründe: Angst oder einfach Übelkeit erklären.
8. Manche Hunde fürchten sich vor dem Riesenkasten um sie herum. Für sie kann es hilfreich sein, wenn man ihnen im Auto eine Höhle zur Verfügung stellt, z.B. eine Hundebox oder eine Abdeckung im Kofferraum des Kombis oder eine Abdunkelung der Fenster.
9. Manche Hunde fühlen sich mit dem Gurtsystem nicht wohl, haben aber Angst vor einer Hundebox. Für kleine Hunde gibt es als Lösung kleine Boxen, in denen sie wie in einem Körbchen sitzen und gut abgesichert sind.
10. Beim Tierarzt erhalten Sie D.A.P., das es als Stecksystem für die Steckdose (zuhause) oder als Spray z.B. fürs Auto gibt. D.A.P. ist ein Pheromonpräparat, das keine gesundheitlichen Nebenwirkungen hat. Hündinnen duften an den Zitzen danach, um den noch blinden Welpen den Weg zur Milchquelle zu erleichtern. Lassen Sie sich für die Anwendung vom Tierarzt oder von Ihrer Hundeschule beraten. Es gibt damit gerade bei Übelkeit im Auto sehr gute Erfahrungen.
11. Sehr gut bewährt hat sich bei einigen Hunden das Calma von cd.vet, ein rein pflanzliches Produkt, das nur beruhigt.

Erfahrungswerte oder zusätzliche Ideen dürfen gerne an uns weitergegeben werden!

3.27. Mein Hund wird erwachsen

Zum Erwachsenwerden gehört bei Hunden wie bei Menschen die Geschlechtsreife. Hündinnen werden mit der ersten Läufigkeit, Rüden mit Beginn der Pubertät, also wenn sie das Bein heben und anfangen, sich für Hündinnen zu interessieren, geschlechtsreif.

Die erste Läufigkeit (Hitze) ist für eine Hündin immer ein aufregendes Ereignis, das nicht nur für ihre körperliche, sondern auch für ihre seelische und geistige Entwicklung wichtig ist. Sie beginnt mit der Vorbrunst (Proöstrus), die ca. 8-10 Tage dauert. Man erkennt diese Phase daran, dass die Schamlippen anschwellen und größer werden und ein zuerst schleimiges, dann zunehmend blutiges Sekret austritt. Jetzt lässt die Hündin noch keinen Rüden zu, interessiert sich aber zunehmend für sie. Die zweite Phase, die Hochbrunst (Östrus, die Standzeit oder Standhitze) dauert ca. 8-10 Tage. Die Schamlippen schwellen noch stärker an und sind aufgrund der starken Durchblutung stärker gerötet. Zu Beginn des Östrus kommt es zu stärkeren, blutigen Schleimabsonderungen, die allmählich immer heller werden. Dies ist die Phase, in der die Hündin Rüden zulässt. Sie bleibt stehen (Standhitze), legt die Rute auf die Seite und beißt den Rüden nicht mehr weg. Wie weit die Hündin in der Hitze ist, kann man überprüfen, indem man sie am Schwanzansatz krault. Zeigt sie das o.gen. Verhalten, ist höchste Vorsicht geboten. Es folgt die Nachläufigkeit (Medöstrus), die ungefähr 2 Tage dauert, der Ausfluss wird geringer und die Schamlippen schwellen ab. Die Hündin ist jetzt in der Regel unfreundlich zu Rüden.

Anschließend ist die Hündin bis zum theoretischen Wurftermin scheinträchtig, und zwar jede Hündin. Man merkt es nur bei vielen nicht. Die Zitzen können etwas geschwollen sein und die Hündin neigt dazu, Vorräte anzulegen oder Spielsachen (Quietschis) zu bemuttern. Bei manchen Hündinnen nimmt das extreme Ausmaße an. Deshalb kann es bei einigen sinnvoll sein, sie vorbeugend gut zu beschäftigen. Wenn eine Hündin allerdings in dieser Zeit ein großes Bedürfnis nach Ruhe und Abgeschiedenheit hat, dann geben Sie dem bitte nach. Achten Sie auch darauf, ob Sie eventuell Schmerzen hat.

Ca. 2 Monate nach der Läufigkeit beginnt die Hormon freie Phase (Anöstrus), die bis zur nächsten Läufigkeit dauert. Manche Hündinnen leiden während der Scheinträchtigkeit sehr: sie werden depressiv, fressen schlecht bis gar nicht und sind lethargisch. Wenn sich das nicht spätestens nach der 2. Läufigkeit gibt, sollte man sie auf alle Fälle kastrieren lassen. Hündinnen, die starke Scheinträchtigkeiten erleiden müssen, können auch Milch geben. Man kann sie als Ammen für verlassene Welpen einsetzen. Diese Hündinnen sind stark gefährdet, Mammatumore zu entwickeln. Falls der Milchfluss bei einer scheinträchtigen Hündin eintritt, kann man das akut schulmedizinisch oder homöopathisch behandeln. Trotzdem sollte man solche Hündinnen immer kastrieren lassen.

Sollte die Hündin gedeckt werden (nie bevor sie ca. 2-3 Jahre alt ist), ist der Zeitpunkt zwischen dem 9. und dem 13. Tag am günstigsten. Aber Vorsicht: Wer keinen unerwünschten Nachwuchs möchte, muss die ganze Zeit aufpassen wie ein Luchs. Zum einen werden junge, unerfahrene Hündinnen von hypersexuellen oder schlecht sozialisierten Rüden schon mal vergewaltigt, zum anderen wurde manche Hündin auch noch am 20. Tag erfolgreich gedeckt. Eine läufige Hündin muss deshalb immer gut bewacht werden und darf in dieser Zeit niemals ohne Leine oder gar unbeaufsichtigt allein unterwegs oder im Garten sein.

Diese Zeit ist für die junge Hündin schon deswegen so wichtig, weil sie lernt, dass sie sich gegen Zudringlichkeiten wehren darf und die Rüden dies auch akzeptieren müssen. Auch dass die Rüden sie besonders interessant und toll finden, tut ihrem Selbstbewusstsein gut. Wer seine Hündin, die sich gegen einen aufdringlichen Rüden wehrt, allerdings schimpft und sie „Zicke" nennt, der sollte mal darüber nachdenken, wie er oder sie sich fühlen würde, wenn er / sie sich nicht gegen unerwünschte körperliche Übergriffe zur Wehr setzen dürfte. Vermeiden sollte man Kontakt mit unbekannten Hündinnen, da sie jetzt ihren Konkurrentinnen gegenüber deutlich aggressiver sein kann.

Wer mit seiner Hündin nicht züchten will, sollte über eine Kastration nachdenken, wenn er nicht in der Lage ist, sie garantiert in Zeiten der Läufigkeit vor Rüden zu sichern. Zum einen wird so unerwünschter Nachwuchs vermieden. Allerdings ist es von großer Bedeutung, wann die Hündin kastriert wird. Wie oben schon erläutert wurde, ist es wichtig, dass die Hündin diese Phase wenigstens einmal erlebt. Nach Abklingen der Läufigkeit wartet man noch ca. 3 Monate. Jetzt befindet sich die Hündin in der Hormon freien Phase. Man kann diesen Zeitpunkt auch durch einen Abstrich feststellen. Dies ist an ihrem Verhalten erkennbar, dass sie normal frisst, sich normal gegenüber anderen Hündinnen verhält und überhaupt einfach ein normaler Hund ist. Wenn sie zu diesem Zeitpunkt kastriert wird, bleibt sie auch so. Allerdings muss man damit rechnen, dass die Hündin aufgrund der Kastration evtl. inkontinent wird. Inkontinenz kann sowohl schulmedizinisch als auch homöopathisch sehr gut behandelt werden.

Von einer Kastration kurz vor oder nach der Läufigkeit ist dringend abzuraten. Hündinnen, die vor der ersten Läufigkeit kastriert wurden, werden oft nicht richtig erwachsen. Von vielen Hunden, auch Rüden, werden frühkastrierte Hündinnen oft unfreundlich behandelt. Vermutlich können sie aufgrund des Geruchs die Hündin nicht richtig einordnen. Mit viel Glück, wenn Sie gut an Ihrem Selbstvertrauen arbeiten, wird die Hündin trotzdem einigermaßen erwachsen werden, aber es fehlt ihr ein wichtiger Punkt in ihrer Entwicklung. Wenn Sie sich für eine Kastration entschieden haben, achten Sie bitte darauf, dass alles entfernt wird: Eierstöcke und Gebärmutter. Wenn Hormon produzierendes Gewebe im Körper bleibt, kann es nach wie vor zu Läufigkeiten kommen.

Bei Rüden ist es nicht ganz so kompliziert, aber auch nicht ganz einfach. Ein Indiz ist der Zeitpunkt, an dem der Kleine anfängt das Beinchen zu heben. Vielleicht sieht er das bei seinen Kumpeln, die schon ein bisschen weiter sind als er und macht es einfach nach. Vielleicht lässt er sich auch Zeit damit. Mit Sicherheit ist es **kein** Zeichen von Dominanz, wenn ein Rüde sehr bald damit anfängt und es ist auch nicht **das** Zeichen für die Geschlechtsreife. Wesentlich spannender wird es, wenn er ab einem Alter von ca. 6-7 Monaten erwachsene Rüden trifft. Wie verhält er sich jetzt? Zeigt er immer noch Spielverhalten oder beginnt er, die Großen herauszufordern? Wenn der andere Rüde gut sozialisiert ist, braucht man sich keine Sorgen zu machen. Er wird souverän den Kleinen in seine Schranken verweisen. Der wird sich aber auf Dauer, also im Laufe des nächsten Jahres, Zurechtweisungen immer weniger gefallen lassen. Rüdenbegegnungen können womöglich immer unerfreulicher werden. Unser Hund muss lernen, dass auch andere Rüden auf dieser Erde leben dürfen. Mit Bogengehen, ihn auf die andere Seite nehmen, loben, wenn er gegenüber anderen Rüden ein gutes Benehmen zeigt, können wir ihm das beibringen.

Zu den Mädels wird er dafür umso freundlicher sein. Am Urin von läufigen Hündinnen wird ausgiebig geschnüffelt, und zwar so, dass er kaum ansprechbar ist. Er flirtet mehr mit ihnen und lässt sich mehr von ihnen gefallen. Unter Umständen singt er einer besonders Holden mal ein Lied vor. Manche Rüden fasten gerne mal, wenn läufige Hündinnen in der Nähe sind.

Für die Menschen ist es ein ziemlicher Schock, wie schnell sie abgeschrieben sind, wenn ihr kleiner Freund plötzlich nur noch „die Weiber" im Kopf hat. Normalerweise gibt sich das aber wieder. Vorbeugend sollte man Rüden nicht kastrieren. Bei manchen Rassen empfiehlt sich die Kastration, aber sie ersetzt nie die Erziehung. Werden Rüden sehr früh, z.B. mit 6 Monaten kastriert, können sie normales Rüdenverhalten schlecht entwickeln, bzw. Sie müssen viel für sein Selbstvertrauen tun. Bereits entwickeltes Rüdenverhalten wird durch eine Kastration nicht beeinflusst. Trotzdem sollten Sie Ihren Rüden gut beobachten, wie er auf läufige Hündinnen reagiert. Viele Hunde leiden einfach still darunter, dass sie nie „zum Zug" kommen. Und viele Rassehunde werden heute, um Ausstellungssiege zu erringen, extrem auf „Männlichkeit" oder „Weiblichkeit" gezüchtet. Das bedeutet für viele Rassehunde aber auch, dass sie sexuell deutlich interessierter sind als andere Rüden, denn das Aussehen wird wie das Sexualverhalten hormonell beinflusst. Ein wild lebender Canide ist normalerweise nur einmal im Jahr sexuell aktiv, unsere Rüden leben das ganze Jahr unter Dauerbeschuss, denn die Hündinnen werden mittlerweile zu sehr unterschiedlichen Zeiten läufig. Manche Rüden kommen deshalb aus dem Hormonstress nicht mehr heraus. Und das ist nicht witzig! Viele Rüden leiden unter Prostata- und Analdrüsenproblemen. Bei Rassehündinnen zeigt sich das so, dass sie deutlich öfter läufig werden, das kann bis zu viermal im Jahr sein. Für die Hündin ist das eine enorme Belastung und es nicht normal. Es kann deshalb auch eine Frage der Tierliebe und des Tierschutzes sein, wenn Sie einen Hund kastrieren lassen.

Kastration bedeutet, dass bei der Hündin die Eierstöcke und die Gebärmutter, beim Rüden die Hoden entfernt werden. Sterilisation bedeutet, dass die Eierstöcke, bzw. die Samenleiter durchtrennt werden. Eine sterilisierte Hündin wird nach wie vor läufig, d.h. der Hormonstress geht weiter, sie wird nach wie vor von Rüden belästigt, sie kann nur keine Welpen bekommen. Für Rüden gilt das gleiche, sie sind nach wie vor interessiert an läufigen Hündinnen und eventuelle Verhaltensprobleme, die durch eine Kombination von Kastration und Training gelöst werden könnten, sind nach wie vor vorhanden. Im Grunde hat man also nur die Frage der unerwünschten Vermehrung gelöst. Für viele Tierärzte gilt eine Sterilisation als Kunstfehler.

Gegen Verhaltensprobleme vorbeugend zu kastrieren, hilft weder bei Hündinnen noch bei Rüden. Nur wenn das unerwünschte Verhalten geschlechtsspezifische Ursachen hat und man gleichzeitig eine Verhaltenstherapie durchführt, kann eine Kastration helfen. Beispiel: eine Hündin, die vor und während der Läufigkeit extrem aggressiv gegenüber anderen Hündinnen ist, wird, wenn sie in der Hormon freien Phase kastriert wurde, dieses Verhalten nicht mehr zeigen. Aber ein Rüde, der aus Langeweile streunt, wird auch noch nach dem Kastrieren streunen. Wenn er Probleme mit anderen Rüden hatte, wird er sie auch als Kastrat haben, wenn Sie nicht zusätzlich zur Kastration mit ihm daran arbeiten.

Es gibt die Möglichkeit einer chemischen Kastration, bei der die Hunde entweder eine Spritze bekommen, die die Läufigkeit bei der Hündin, bzw. beim Rüden die Zeugungsfähigkeit unterdrückt. Zusätzlich gibt es einen Hormonchip, der bei Rüden gesetzt werden kann. Nach einer Phase von einigen Wochen, in der die Hormonproduktion angeregt wird, verkleinern sich die Hoden und der Rüde ist defacto kastriert. Von beiden Varianten ist abzuraten. Die Kastrationsspritzen für Hündinnen stehen im dringenden Verdacht, krebserregend zu sein, zudem müssen Sie sich an einen genauen Zeitplan halten, da die Spritzen in genau definierten Abständen gegeben werden müssen. Bei Menschen sind sie verboten.

Der Kastrationschip für Rüden hat ebenfalls große Nachteile. In manchen Fällen kann er sich zwar als hilfreich erweisen und gerade in der Zeit des größten hormonellen Chaos den jungen Rüden etwas herunter fahren. Während der Wirkungsdauer (6, alt. 12 Monate) kann man am Grundgehorsam und Verhalten arbeiten und so dem Rüden eine richtige Kastration vielleicht ersparen. Allerdings hat sich erwiesen, dass viele Hunde durch den Chip zu erhöhter Aggression neigen. Es gibt Fälle, da mussten die Rüden im Zwinger weggesperrt werden, bis die Wirkung nachließ. Ob Ihr Hund so reagiert oder nicht, wissen Sie erst , wenn Sie den Chip gesetzt haben und dann ist es zu spät.

Medizinische Gründe für eine Rüdenkastration sind: Einhodigkeit, Prostataprobleme, Hodenkrebs, übersteigertes Sexualverhalten, Nachbarschaft von Hündinnen, von denen ständig eine läufig ist. Bei Einhodigkeit müssen Sie einen Rüden auf alle Fälle kastrieren lassen. Der fehlende Hoden ist nicht einfach weg, sondern ist im Bauchraum. Dadurch können Sie so gut wie sicher sein, dass er irgendwann Hodenkrebs bekommt.

3.28. Hunde impfen mit Verstand

Um es vorweg zu nehmen: Impfen ist eine nützliche und vernünftige Maßnahme, die die Gesundheit unserer Hunde sichert, wenn – ja wenn nicht alles maßlos übertrieben wird. Vor einiger Zeit habe ich mir die Impfpässe unserer verstorbenen Hunde angesehen, und bemerkt, dass diese sehr viel weniger geimpft wurden, als dies heute der Fall ist. Aber alle waren gesund und munter. In der Hundeszene ist aus verschiedenen Gründen seit längerem eine intensive Diskussion im Gange, ob es jetzt sinnvoll sei, Hunde überhaupt zu impfen, und wenn ja, gegen was und wie oft.

Die Vermeidung und Vorbeugung von Krankheiten durch Impfungen hat dazu beigetragen, dass uns und unseren Hunden viel Elend und Leid erspart wird, also sollte man das Impfen nicht pauschal verdammen. Nur leider werden von der Pharmaindustrie immer neue Krankheiten ausfindig gemacht, gegen die angeblich kein anderes Kraut als eine Impfung gewachsen ist. Ein Argument der Tierärzte für einen jährlichen Impftermin ist sicher sehr vernünftig: der Hund wird einmal im Jahr dem Tierarzt vorgestellt, er wird routinemäßig und gemäß seinem Alter untersucht und der Tierarzt kann dadurch gesundheitliche Probleme feststellen und gegebenenfalls behandeln, noch bevor sie zu echten Problemen werden. Es ist nur nicht einzusehen, dass das mit zum Teil unnötigen Impfungen finanziert werden soll. Wenn Sie sich also dazu entschließen, Ihren Hund nicht mehr gegen alles und jedes zu impfen, sondern eine vernünftige Grundimmunisierung und Auffrischungen in vertretbaren Abständen vornehmen, dann sollten Sie trotzdem den jährlichen Besuch beim Tierarzt weiterhin beibehalten, auch wenn in diesem Jahr keine Impfung dran ist. Vereinbaren Sie mit ihm einen angemessenen Betrag, für den Ihr Hund seinen Jahrescheck bekommt, denn auch Ihr Tierarzt muss leben und kann Ihnen sein über Jahre erworbenes Wissen nicht einfach kostenlos und franko zur Verfügung stellen.

Durch den Impfstoff selber und durch die Adjuvantien (Beifügungen, die die Wirkung der Impfung verbessern sollen) können bei allen Tieren Nebenwirkungen ausgelöst werden, die die Impfung an sich in Frage stellen: bei Katzen ist es mittlerweile bekannt, dass sie stark gefährdet sind, ein Impfsarkom (Tumor an der Impfstelle) zu bekommen, und viele Katzen sterben daran.

Es ist ein weit verbreiteter Irrtum, dass Impfungen gesetzlich vorgeschrieben sind. Das stimmt so nicht. Welche Impfungen sind wirklich notwendig? Wie oft sollte man was impfen?

Tollwut ist in Deutschland und Europa schon deshalb ein Muss, weil Sie sonst zum einen Ihren Hund über keine Grenze mitnehmen dürfen und zum anderen Ihr Hund sofort getötet werden kann, wenn irgendwo in der Gegend Tollwut auftritt. Es gibt Tollwutimpfungen, die 3 Jahre wirksam bleiben. Erkundigen Sie sich bei Ihrem Tierarzt, welche Impfungen er bevorzugt. Es gibt bei verschiedenen Produkten wohl gute Gründe, sie abzulehnen oder zu bevorzugen. Ihr Tierarzt sollte Ihnen das schlüssig erklären können.

Bei Staupe, Parvovirose und Hepatitis sollen Sie ebenfalls die Grundimmunisierung vornehmen. Eine jährliche Nachimpfung ist nicht unbedingt erforderlich, Sie sollten das mit Ihrem Tierarzt absprechen. Borreliose, Zwingerhusten und Leptospirose sind Erkrankungen, die sich nicht unbedingt durch Impfungen vermeiden oder verhindern lassen. Ich möchte das am Beispiel Borreliose erläutern. Es gibt derzeit keinen Borrelioseimpfstoff für Menschen. In den USA wurde der Humanimpfstoff wegen schädlicher Nebenwirkungen vom Markt genommen. Böse Zungen behaupten, dass die Hunde die Borrelioseimpfung für uns austesten. Auch kann Ihnen niemand garantieren, dass Ihr Hund nicht an Borreliose erkrankt, da es viele Arten von Borrelien gibt, die man mit einer Impfung gar nicht abdecken kann.

Auch sind sich die Experten nicht einig, ob man den Impftiter vom Infektionstiter unterscheiden kann, falls Ihr Hund sich mit einer anderen Borrelioseart infiziert. Dann kann es u.U. unmöglich sein, die Erkrankung richtig zu diagnostizieren. Außerdem muss immer erst auf Borreliose getestet werden, bevor dagegen geimpft wird. Sonst ist die Wahrscheinlichkeit sehr groß, dass durch die Impfung die Krankheit zum Ausbruch kommt. Dann garantieren die Hersteller nur für eine 6-monatige Wirkung. Ihr Hund muss aber im Februar, bevor die ersten Zecken auftauchen, geimpft werden. Ist er dann ab August nicht mehr geschützt? Wenn so viele Dinge mehr als fraglich sind und über Jahre hinweg nicht schlüssig beantwortet werden können, sollten Sie von einer Impfung Abstand nehmen. Außerdem ist diese Krankheit sowohl schulmedizinisch als auch homöopathisch sehr gut behandelbar. Und es übertragen nicht alle Zecken diese Krankheit. Vorsorge ist hier immer noch die beste Sache, denn erst nach ca. 8 Stunden Saugen werden die Erreger von der Zecke an den Wirt abgegeben. Wenn Sie Ihren Hund nach jedem Spaziergang abbürsten und nach Zecken absuchen, ist das völlig ausreichend.

Bei Hunden, die sehr stark von Zecken befallen werden oder die durch ihr dunkles und / oder üppiges Fellkleid schlecht abgesucht werden können, kann man in der heißen Phase auch mal ein Spoton-Produkt anwenden, das ihn dann gegen Parasitenbefall schützt. Fast alle unsere Hunde sind mit Borreliose infiziert, haben aber keine Krankheitserscheinungen. Denn in vielen Fällen wird der Körper auch selbst damit fertig. Um das abzusichern, bekommen meine Hunde homöopathische Präparate, die das Immunsystem stärken, sie werden roh gefüttert und bekommen, wenn es notwendig ist, ein pflanzliches Spoton-Produkt. Bitte glauben Sie auch nicht das Märchen, dass sich jeder Zeckenkopf, der beim Rausmachen steckenbleibt, sofort entzündet und grässliche Dinge bewirkt. Beobachten Sie so eine Stelle gut und gehen Sie zum Tierarzt, wenn sich die Stelle entzündet. In den meisten Fällen wird der Körper allein damit fertig.

Vor jeder Impfung sollten Sie folgende Maßnahmen treffen, damit die Impfung wirksam wird: Sie sollten eine Kotprobe von 3 aufeinander folgenden Stuhlgängen Ihres Hundes auf alle Parasiten untersuchen lassen und gegebenenfalls gezielt entwurmen. Dann sollte Ihr Hund auch keine anderen Erkrankungen, z.B. Durchfall oder Erkältung haben, da jede Erkrankung das Immunsystem schwächt. Und eine Impfung ist eine „künstliche" Erkrankung, mit der der Körper fertig werden muss. Dadurch bilden sich die Abwehrkräfte im Körper, die mit künftigen Infektionen fertig werden können. Außerdem sollten Sie Mehrfachimpfungen vermeiden und Einzelimpfungen bevorzugen. Und denken Sie daran: Vorsorge ist die beste Abwehr gegenüber Krankheiten. Ein Hund, der gesund ernährt wird, genügend Bewegung hat und ein glückliches und zufriedenes Leben an Ihrer Seite führt ist weniger krankheitsanfällig als ein Hund, der schlechtes Futter bekommt, den ganzen Tag traurig im Zwinger sitzt und keine Beschäftigung hat.

3.29. Stubenreinheit

Stubenreinheit ist eines der ersten Ziele in der Hundeerziehung. Sie müssen Ihrem Hundekind mit viel Geduld und Nachsicht beibringen, dass Ihr Wohnzimmer keine öffentliche Bedürfnisanstalt ist.

Tragen Sie Ihren Welpen nach jeder Mahlzeit, nach dem Aufwachen, nach dem Spielen und in festen Abständen (anfangs ungefähr alle zwei Stunden) ins Freie. Dort setzen Sie ihn auf eine Wiese und bleiben mit ihm draußen, bis er sein Geschäft erledigt hat. Lassen Sie ihn vollkommen in Ruhe, reden Sie nicht auf ihn ein, sonst lenken Sie ihn ab. Wenn er fertig ist, dann loben Sie ihn ruhig und freundlich und gehen wieder mit ihm rein.

Untersagt sind alle Strafen, die immer noch angepriesen werden, außer einer: wenn er in die Wohnung gemacht hat, dann nehmen Sie eine dicke Zeitung, rollen Sie zusammen, hauen sich 6-7 Mal auf den Kopf und sagen laut bei jedem Schlag: Ich bin zu dumm, um auf meinen Hund aufzupassen. Wenn Ihr Hund Sie auslacht, loben Sie ihn.

Beachten Sie Ihren Hund, wenn er unruhig wird und ganz offensichtlich eine Stelle sucht. Hoffen Sie nicht, dass er ganz was anderes vorhat. Wenn er muss, muss er. Gehen Sie sofort mit ihm raus, damit er sich lösen kann.

Ein kleiner Hund muss auch nachts raus. Stellen Sie sein Körbchen neben Ihr Bett. Eventuell weckt er Sie, wenn er unruhig wird. Wenn das nicht sicher ist, stellen Sie sich alle zwei Stunden einen Wecker.

Niemals sollten Sie einen Welpen in eine Box sperren, damit er stubenrein wird. Stellen Sie sich vor, Sie müssen dringend aufs Klo und werden daran gehindert, das Bett zu verlassen.

Rituale erleichtern Ihrem Hund zu verstehen, was Sie von ihm wollen: anstelle zu warten, bis es zu spät ist und dann sinnlos rumzuschimpfen, gewöhnen Sie sich lieber an, auf Ihren Hund zu achten und ihn regelmäßig nach draußen zu bringen.

Etwas sollten Sie auf gar keinen Fall tun: wenn Ihrem kleinen Kerl mal ein Malheur passiert ist, dann machen Sie die Stelle nicht mit Essigreiniger sauber. Diese Reiniger enthalten Substanzen, die ähnlich wie Hundepipi riechen und Ihren kleinen Freund dazu animieren, sich hier zu lösen. Auch Sagrotan oder ähnlich Chemiehämmer sind nicht wirklich gefordert, das Unglück zu entsorgen. Es handelt sich um ein bisschen Welpenpipi und nicht um super ansteckende Kloake. Es reicht also Wasser und Schmierseife.

In der Regel kapiert der Welpe recht schnell, was Sie von ihm wollen. Aber ein bisschen Zeit zum Lernen braucht er schon. Außerdem muss er erst lernen, seinen Schließmuskel zu beherrschen. Menschen können das auch nicht von Anfang an. Wenn wirklich was passiert, ignorieren Sie es einfach. Manchmal, gerade nach wilden Spielen, überkommt die Kleinen dringend ein Bedürfnis und schon ist es passiert. Nehmen Sie ihn schnell hoch und tragen Sie ihn kommentarlos hinaus.

Nicht schimpfen, nicht genervt sein, nicht strafen bringt den Kleinen dazu, sich zu melden, wenn er raus muss, sondern Ihre Aufmerksamkeit und Ihr freundliches Lob erklären ihm, was er richtig macht und was Sie von ihm wollen.

Hundeexperten empfehlen manchmal, aus dem Welpenauslauf ein bisschen Kot mitzunehmen und in einer Ecke des Gartens zu deponieren. So wird Ihr Kleiner dazu angeregt, dorthin zu gehen, wenn er muss. Manchmal funktioniert es. Einen Versuch ist es allemal wert.

Eine Weisheit will ich Ihnen hier nicht vorenthalten: Hunde werden nicht wegen, sondern trotz der Bemühungen Ihrer Besitzer stubenrein. Wenn man sich manche Leute so ansieht, stellt man fest: es ist was dran!

In der Regel werden Hunde innerhalb weniger Wochen stubenrein. Aber denken Sie immer daran: so ein kleiner Hund muss dermaßen viel lernen, da kann schon mal passieren, dass er irgendwas in der Aufregung vergisst. Die Welt geht deswegen noch lange nicht unter.

Tatsache ist, dass viele Menschen einen Riesenzirkus machen, wenn ihrem Welpen ein Missgeschick passiert, aber wenn er sich endlich meldet, wenn er raus muss, tun sie so, als wäre das selbstverständlich. Registrieren Sie nicht nur, was Ihr Hund falsch macht (in Ihren Augen), sondern beachten Sie auch seine Erfolge und loben Sie ihn. Freuen Sie sich an ihm und machen Sie nicht ihm und sich das Leben schwer.

3.30. Knurren, bellen und andere Lautäußerungen

Hunde haben ein sehr reichhaltiges Lautrepertoire. Sie winseln, bellen, fiepen, brummen, knurren, manche mehr, andere weniger, aber alle können das. Wenn Sie mit Ihrer Pelznase vertraut sind, können Sie das gut einschätzen. Sie erkennen Susi am Bellen und wissen, dass Fiffi beim Spielen immer ein furchterregendes Grollen hören lässt, das bedeutet aber nur, dass er gut gelaunt ist.

Alle diese Lautäußerungen haben eine bestimmte Bedeutung, sie geben Auskunft über den Gemütszustand des Hundes, teilen uns Botschaften mit, die Hunde warnen oder rufen uns. Es ist nicht anders wie in der menschlichen Kommunikation. Leider nimmt das Wissen über die laute Hundesprache immer mehr ab und viele Menschen denken höchst merkwürdige Dinge, wenn ein Hund bellt oder knurrt.

Manche Lautäußerungen sind rassespezifisch, so kann die Geräuschkulisse beim Spiel von Terrieren für nicht eingeweihte gewöhnungsbedürftig sein. Ein Mensch, der mit Terriern nicht vertraut ist, denkt schlicht, die bringen sich gerade um. Manche Hunde müssen alles und jedes kommentieren, oder sie entwickeln bestimmte Laute für bestimmte Ereignisse. Wenn Herrchen zum Tor hereinfährt, wird geheult, wenn eine Truppe Fahrradfahrer vorbeiradelt, wird der Hundekumpel alarmiert, wenn Frauchen ein Leberwurstbrötchen isst, wird leise gejammert ... Und dann gibt es das andere Extrem: einige reden sehr wenig, z.B. Windhunde.

Bellen, fiepen, winseln geht für manche Menschen gerade noch, aber Knurren, da glauben die meisten, jetzt geht der Hund sofort zum Angriff über. Dabei ist es einfach ein Bestandteil der hundlichen Lautgebung und kann sehr viel bedeuten. Es kann eine Warnung ans Gegenüber sein: geh nicht weiter, sonst knallt's. Es kann eine Frage an jemanden Vertrauten sein: kannst du mal kurz kommen und nachsehen, was hier los ist? Es kann Verunsicherung, Angst oder Widerwillen ausdrücken, ist also genau so vielfältig interpretierbar wie Bellen oder Winseln.

Wenn ein Laut als Warnung gedacht ist, z.B. knurren oder brummen, dann darf man das niemals verbieten. Menschen werden sehr oft übergriffig und reagieren nicht auf die feinen Signale der Hunde, die sie von ihrem unhöflichen Tun abbringen sollen. Da muss ein Hund manchmal knurren, damit dieser Mensch endlich mal versteht, dass es jetzt reicht. Wäre es Ihnen lieber, er beißt gleich zu? Da ist es doch besser, er brummt unfreundlich, der angebrummte Mensch hört auf mit dem, was er tut, und Ruhe kehrt ein. Idealerweise kommt Ihr Hund erst gar nicht in eine Situation, in der sich mit Knurren gegen etwas verwahren muss. Aber wenn es nun mal passiert, dann muss er schon sagen dürfen, was ihm nicht passt.

Je mehr Sie Ihrem Hund gestatten, seine lautlichen Fähigkeiten zu entwickeln, umso mehr Möglichkeiten stehen Ihnen und ihm zur Verständigung zur Verfügung. Wer hundliche Lautäußerungen nur lästig empfindet und sie wegen Lärmbelästigung abstellen möchte, sollte mal in aller Ruhe darüber nachdenken, wer denn auf Erden den meisten Krach macht. Kleiner Hinweis: die Hunde sind es sicher nicht.

3.31. Die Verfügung für Notfälle

Wir denken alle nicht gerne daran, aber jeden von uns kann es treffen, egal wie alt oder jung, wie gesund oder krank wir sind. Jeder kann einen Unfall erleiden oder so krank werden, dass er sich leider um seinen Hund nicht mehr kümmern kann. Wenn niemand in der Familie bereit ist, die Pelznase zu übernehmen, landet ihr Liebling unweigerlich im Tierheim. Und das kann eine sehr unerfreuliche Endstation für ihn sein, ganz absehen davon, dass es für jeden Hund eine Katastrophe ist, wenn er von jetzt auf gleich seine Menschen verliert.

Idealerweise haben Sie mit Freunden, Bekannten, Verwandten oder mit einem Tierschutzverein, dem Sie vertrauen, die Möglichkeit, eine Vereinbarung zur Übernahme zu treffen. Dann landet Ihr Liebling nicht irgendwo, sondern wird von Menschen aufgenommen und versorgt, die ihn mögen und die er auch kennt. Dazu müssen Sie eine juristisch einwandfreie Verfügung erstellt haben, die Ihnen, dem Berechtigten und evtl. auch jemandem, der sich im Notfall um eine rasche Abwicklung kümmert, vorliegt.

Ohne diese Verfügung muss kein Tierheim einen Hund wieder herausgeben, außer an Erben, die aber die Annahme des Hundes verweigern können. Hoffen wir, dass dieser Fall nie eintrifft. Aber wenn Sie vorgesorgt haben, sind Sie und Bello abgesichert.

Mustertext:

„Für den Fall, dass wir uns um unseren Hund Bello (Rüde, Mischling, geb. TT.MM.JJJJ, Chip 123456789) nicht mehr kümmern können, weil wir entweder krank oder verstorben sind, geht unser Hund in Besitz und Eigentum des Tierschutzvereins XXX (oder Name, Adresse, Telefonnummer), über.

Dies gilt auch im Falle vorübergehender oder dauerhafter Nichtansprechbarkeit wegen Bewusstlosigkeit, Demenz o.ä..

In diesem Fall ist sofort Herr / Frau Name, Adresse, Telefonnummer zu verständigen.

Ein unterschriebenes Original liegt Frau / Herrn Name vor.

Datum / Unterschrift"

Fazit

Das wichtigste von allem sollten Sie nie aus dem Auge verlieren. Jeder Hund ist anders, genauso wie jedes Mensch-Hund-Team einmalig ist. Wichtig ist, dass Sie aneinander Freude haben und ein entspanntes Leben führen können. Erziehung zum Grundgehorsam bedeutet nicht mehr aber auch nicht weniger, dass Sie Instrumente in die Hand bekommen, die Ihnen und Ihrem vierbeinigen Freund das Leben erleichtern. Es geht nicht darum, dass er zur Marionette mit Fell gemacht wird. Wer absoluten Gehorsam erwartet – was auch immer das sein soll, ist besser mit einem japanischen Roboterhund oder einem Plüschtier bedient. Hunde sind fühlende, denkende Lebewesen, die nur uns haben und zu 100% von uns abhängig ist, das sollten wir bei allen Bemühungen um einem guten Grundgehorsam nie aus den Augen verlieren. Das Leben mit Hunden ist viel zu schön, um es nur mit Training und Erziehung zu verbringen.

Suchen Sie etwas für sich und Ihren Freund, was Sie beide richtig gerne machen: Mantrailing, Apportieren, Gerätetraining und Tricks sind nur eine Sache. Etwas anderes sind freundliche Gemeinsamkeiten in stabilen Hundegruppen oder auf gut geführten Hundewanderungen. Aber das sind nur Highlights im gemeinsamen Leben. Der tägliche Spaziergang, der Urlaub, in dem man ganz für sich und den Hund da sein kann, eine Kanufahrt über einen See, ein Tag an einer einsamen Badestelle, gemütliche Spaziergänge durch einen Park, auf der Couch nach einem schönen Tag kuscheln ... egal, was Sie beide gerne tun – genießen Sie es. Machen Sie es wie Ihr Hund – wenn Sie wie er zu 100% dabei sind, kann eigentlich nichts schief gehen.

In diesem Sinn wünsche ich Ihnen mit Ihrem kleinen Freund viel Spaß und ein schönes, erfülltes, gemeinsames Leben.

Dank

Kein Buch entsteht ohne Hilfe und Unterstützung von anderen. Deshalb bedanke ich mich herzlich bei meinem Mann Ernst Wagner-Rott für seine Unterstützung, seine Anregungen und seine Unermüdlichkeit beim Korrekturlesen.
Vielen Dank auch an meinen alten Schulfreund Andreas Schenz, der ebenfalls aufmerksam Korrektur gelesen hat.
Vielen Dank an Anke Thoma und ihren liebenswerten Lupo, die uns als Fotomodelle zur Verfügung gestanden haben.
Und schließlich: herzlichen Dank an meine Hunde und alle Kundenhunde, die mich so vieles gelehrt haben.

Buchempfehlungen

Wohl bekomm's – Dein Hund ist, was er frisst, Ute Rott, PhiloCanis Verlag

Calming Signals, Turid Rugaas, animal learn Verlag

Calming Signals Workbook, Clarissa von Reinhardt, Martina Scholz, animal learn Verlag

Herz – Hirn – Hund, Thomas Riepe, animal learn Verlag

Einfach Hund sein, Thomas Riepe, Ulmer Verlag

Stress bei Hunden, Martina Scholz, animal learn Verlag

Die Welt in seinem Kopf, Dorothée Schneider, animal learn Verlag

Liebst du mich auch? Patricia McConnell, Kynos Verlag

Das andere Ende der Leine, Patricia McConnell, Kynos Verlag

Wer denken will, muss fühlen, Elisabeth Beck, Kynos Verlag

Rückenprobleme beim Hund, Anders Hallgren, animal learn Verlag

Hilfe, mein Hund zieht! Turid Rugaas, animal learn Verlag

Das Bellverhalten der Hunde, Turid Rugaas, animal learn Verlag

Das große Spielebuch für Hunde, Christina Sondermann, Cadmos Verlag

Das Alpha-Syndrom, Anders Hallgren, animal learn Verlag

Hunde würden länger leben, wenn ... Schwarzbuch Tierärzte, Dr. Jutta Ziegler, bod

Zur Autorin

Ute Rott lebt mit ihrem Mann und ihren Hunden seit 2005 in Metzelthin in der Uckermark. Dort betreibt sie eine Hundeschule und vermietet Ferienwohnungen und Stellplätze für Reisemobile an Menschen mit Hunden.
Die Ausbildung zur Hundetrainerin hat sie 2005 bei animal learn in Bernau am Chiemsee erfolgreich abgeschlossen. Sie ist Mitglied im Fachkreis Gewaltfreies Hundetraining. Ihre Spezialgebiete sind: gewaltfreies Training zum Grundgehorsam, Verhaltensberatung und Verhaltenstherapie bei auffälligen Hunden, Mantrailing und Ernährung.

Bereits erschienen im PhiloCanis Verlag:

Ute Rott

Wohl bekomm's !

Dein Hund ist, was er frisst!

ISBN 978-3-9818307-0-5